d.quarks X

Die Bausteine
für den digitalen Wandel

Carsten Hentrich und
Michael Pachmajer

MURMANN
MURMANN PUBLISHERS

Dieses Buch wurde klimaneutral produziert:

Bibliografische Information der Deutschen Nationalbibliothek
Die Deutsche Nationalbibliothek verzeichnet diese Publikation in
der Deutschen Nationalbibliografie; detaillierte bibliografische
Daten sind im Internet über http://dnb.d-nb.de abrufbar.

Druck und Bindung: CPI books GmbH, Leck
Printed in Germany

ISBN 978-3-86774-578-9

Besuchen Sie uns im Internet: www.murmann-publishers.de
Ihre Meinung zu diesem Buch interessiert uns!
Zuschriften bitte an info@murmann-publishers.de
Den Newsletter des Murmann Verlages können Sie anfordern unter
newsletter@murmann-publishers.de

Inhalt

WAS IST EIN D.QUARK?

__Ein d.quark beschreibt eine Fähigkeit, die ein Unternehmen bei der Realisierung digitaler Geschäftsmodelle organisieren, beschaffen, entwickeln muss. Die d.quarks sind Elementar-teilchen für den digitalen Wandel. Sie tragen dazu bei, die digitale Transformation in Unternehmen zu beschleunigen. Für das Buch *d.quarks. Der Weg zum digitalen Unternehmen** haben Carsten Hentrich und Michael Pachmajer, Direktoren bei PwC im Kundensegment Familienunternehmen und Mit-telstand mit Beratungsschwerpunkt »Digitale Transformation«, die 46 entscheidenden *digital quarks* zusammengetragen. Sie sind auf fünf Beschleunigerbahnen verteilt. Dadurch erkennt jedes Unternehmen schnell, wo es digital steht und wohin es sich noch entwickeln kann. Hinzu kommt: Jedes d.quark reflektiert vier strategische Dimensionen: Organisation, Menschen & Kompetenzen, Prozesse und Technologie. Jede Fähigkeit wird also in diesen unterschiedlichen Sichtachsen durchdekliniert. In *d.quarksX* präsentieren die Autoren nun die Auswahl der wichtigsten d.quarks, mit denen Unternehmen ihren Weg der digitalen Transformation beschleunigen können.

* Murmann Publishers, Hamburg 2016
200 Seiten, 39,90 Euro, ISBN 978-3-86774-554-3

OMNI-CHANNEL

d.quark 1

DER KUNDE KOMMT HEUTE AUS ALLEN RICH-TUNGEN. WICHTIG IST, IHN BESSER KENNEN-ZULERNEN – UND AUF MÖGLICHST ALLEN KANÄLEN AUF IHN VORBEREITET ZU SEIN.

__Eigentlich ist das anmaßend: Es geht immer um alle. Aber »alle« heißt Zukunft, wenn es um die Wege oder besser: wenn es um die Kanäle geht, um Produkte zum Kunden zu bringen. Den einen, den goldenen Weg wird es nicht mehr geben. Es gibt viele Wege – und eine vernünftige Strategie muss heißen: Nutze sie alle!

__Wirklich? Warum sollte man alle nutzen? Nun, es liegt am Kunden. Wohl nie zuvor war ein Großteil der Menschen in seinem Konsum anspruchsvoller und gleichzeitig wechsel-bereiter als heute. Und das aus gutem Grund: Man muss nicht mehr einem Produkt die ewige Treue schwören. Der Kunde glaubt auch nicht mehr alles. Er muss nicht mehr alles glauben. Er ist ja wesentlich besser informiert, er ist vernetzt, hat raschen Zugang zu Informationen. Durch das Internet ist er aufgeklärter und kritischer, als er es noch im analogen Zeitalter war. Auch will er einfache Lösungen, die Dinge sollen ihn nicht überfordern. Er will auch mehr Spaß haben, Konsum soll und darf ruhig ein Erlebnis sein. Und der Service ist mindestens so wichtig wie das Produkt selbst. Wenn möglich, entscheidet sich der Kunde für die individuelle Lösung oder die Lösung, die am besten auf seine individu-ellen Bedürfnisse abgestimmt ist.

__Ein Produkt muss vom Kunden her gedacht werden, eine Serviceleistung sowieso. Neben dem Nutzenversprechen ist heute zentral, was wir User Experience nennen. Erfahrungen, Meinungen, Kompetenzen von außen – ja vom Kunden – müssen mehr in die Entwicklung einfließen. Der Kunde ist der beste Experte. Warum nicht dessen Wissen nutzen? Und das beginnt bei den Begegnungen mit dem Kunden.

// NUR DAS PRODUKT IST ZU WENIG!

Es reicht nicht mehr, nur ein Produkt oder eine Serviceleistung anzubieten, von dem oder der das Unternehmen glaubt, damit den Kundenwunsch zu treffen. Denn genau das wird immer schwieriger, weil Kunden heute anspruchsvoller, besser informiert und wechselbereiter sind als früher.

__Wo finden diese Begegnungen statt? Überall. Im Laden, beim Fachhändler, im Webshop, über eine mobile App, im sozialen Netzwerk. Und an diesen »Orten« ist es noch ein wenig wie einst in der analogen Welt. Alle sind strikt getrennt, eher siloartig organisiert. Wer bisher nur im Onlineshop eingekauft hat, wird beim Besuch im Laden nicht »erkannt«. Wer beispielsweise schon öfter ein Paar Laufschuhe im Netz gekauft hat, also sich als durchaus treuer Kunde erwiesen hat, wird beim ersten Besuch im Schuhladen kaum anders behandelt als normale Laufkundschaft. Dabei weiß das Unternehmen bereits so viel über den Kunden, über seine Vorlieben, Wünsche und Bedürfnisse. Aber diese Daten »lagern« im anderen Kanal.

__Das d.quark *Omni-Channel* meint daher: Ziehen Sie die Kanäle zusammen, sorgen Sie übergreifend für ein einheitliches und durchgängiges Kauferlebnis. Und vermeiden Sie Medienbrüche.

> ## // AUF ALLEN KANÄLEN
>
> **Kunden »reisen« heute schon kanalübergreifend. Sie kaufen, wo sie wollen – nicht, wo sie immer schon gekauft haben.**

__Ziel muss es daher sein: Wenn der Kunde einen Kanal verlässt, sollte im nächsten angeknüpft werden. Ein Kanal sollte in den anderen fließen. Wie in Venedig. Im besten Fall weiß der Verkäufer im Shop, wonach ich suche, weil ich im Netz schon recherchiert oder im Callcenter nachgefragt habe, und begrüßt mich persönlich. Und wenn ich die entsprechenden Angaben gemacht habe, weiß der Verkäufer sogar, ob ich lieber mit »Sie« oder »Du« angesprochen werden möchte. So wird keiner ungefragt geduzt, keiner versteift gesiezt. Keine unerhebliche Kleinigkeit.

__Ohnehin wird der Laden mehr zum Erlebnis. Es werden verschiedene Sinnesorgane angesprochen. Gute Läden wissen, wie der Kunde oder die Kundin in die Erlebniswelt eines Produkts eintauchen kann. Es muss ihm oder ihr ein Grund geboten werden, nicht einfach nur online zu klicken. Längst gibt es Bekleidungsläden mit Bar oder Kaffeetheke. Es gibt Autohersteller, die in ihren Stores Fahrsimulatoren oder virtuelle Erlebniswelten bieten, und natürlich Sportartikelläden mit Teststrecken oder Kletterwänden.

Es geht darum, dem Kunden zu ermöglichen, ein Produkt kennenzulernen, in seiner Tiefe zu verstehen, es in der Interaktion mit anderen Dienstleistungen zu erleben. Im Netz? Nein, im analogen Shop!

__Ziel ist es, die Marke darzustellen – und einzubetten in eine *Omni-Channel*-Strategie. Das kann bedeuten, dass der Kunde per Smartphone im Store an die Stelle geführt wird, an der sich sein oder ihr Produkt befindet. Und es können weitere Touchpoint-Möglichkeiten genutzt werden, die heute bereitstehen: zum Beispiel ein Avatar, der den Kunden lenkt, ihm antwortet, ihn berät, für ihn da ist. Oder eben, ganz klassisch und immer noch sehr geschätzt: der persönliche Kontakt. Wichtig ist eben die Einheitlichkeit in der User Experience, im Kauferlebnis.

// MITREISENDE GESUCHT

Wo auch immer der Kunde auf seiner sogenannten Customer Journey, auf seiner »Reise« andockt, er muss bereits eine Landkarte vorfinden oder noch besser: einen kompetenten Reiseführer.

__Zumal die Grenzen verschwimmen. Sich Kleidung schicken zu lassen, sie auszuprobieren, zu behalten oder wieder zurückzuschicken ist längst Alltag. Es gibt Apps, die ein virtuelles Maßnehmen und Anprobieren ermöglichen.

Das ist nicht nur bequem, das hat auch einen entscheidenden Vorteil: Mit jedem »Ausprobieren« nähern sich Kunde und Unternehmen einander an. Sie lernen sich besser kennen. Das Unternehmen lernt die Menschen besser kennen, die bei ihm einkaufen. Darauf kommt es an.

__Ziel ist der Aufbau individueller User-Profile, in denen neben den persönlichen Daten auch Erfahrungen, Beschwerden oder Anfragen des Kunden gemanagt werden. Man sollte sich ein Bild seines Kunden machen, je besser, je präziser das Bild, desto besser das Angebot für den Kunden. Das erfordert hohe Sicherheit und die Einführung der d.quarks *Digital Trust* und *Big Data*, aber auch eine große Offenheit. Der Kunde muss wissen, warum etwas passiert, er soll nicht überrumpelt werden. Eine *Omni-Channel*-Strategie zeichnet nämlich vor allem eines aus: Transparenz.

// NICHT AUF DEN DATEN HOCKEN!

Die Basis sind Daten. Kundendaten, Verhaltensdaten, Kaufdaten, Bezahldaten. Das erfordert ein Datenmanagement. Daten müssen ausgewertet werden, es braucht Data Scientists, die vorhandene Daten bewerten und die anderen Kanäle damit füttern. Das heißt aber auch: Keiner im Unternehmen darf auf Daten hocken. Daten müssen zugänglich sein. Auch im Datenmanagement darf es kein Silodenken geben.

__Bei den Daten geht es um wahre Schätze. Und da werden Rollen neu vergeben. Vor allem auch von Vertriebsmitarbeitern. Das zentrale Asset eines »Vertrieblers« ist es, über

Kundenkontakte zu verfügen. Allerdings häufig nur über einen Kanal. Durch Bereitstellung der Daten für andere Kanäle und Abteilungen ändert sich das Asset des Vertriebs. Kundenkontakte gehören nun den Unternehmen, nicht einzelnen Vertrieblern. Daher müssen der Vertrieb und vor allem auch das Marketing die Customer Journey verstehen und auswerten – um auf den verschiedenen Kanälen Lösungen für Kundenwünsche und -bedürfnisse an den verschiedenen Touchpoints zu bieten. Auf diese Weise ändern und erneuern sich Jobprofile.

__Das Marketing wird mehr und mehr zur Datenauswertung, und im Laden wird man vermutlich weniger Verkäufer als Animateure oder Unterhalter brauchen. Ein Kunde will sich vielleicht nur ein Bild machen, sich für eine Marke, für ein Produkt begeistern. Gekauft wird im Netz. Ein Beispiel ist die Bank: der klassische Bankberater, der Kunden direkt bedient und in Finanzfragen beraten hat. Das ist vorbei. Wegen Online-Bankings werden diese Jobprofile immer weniger benötigt, die meisten Finanzdienstleistungen lassen sich online erledigen. Die neue Bankberatung geht in Richtung Retail. Wir brauchen also mehr Animateure und Unterhalter als Berater in den Banken. Das heißt: Alte Zöpfe müssen ab. Natürlich nicht nur bei Banken.

// REICHT NICHT!

Viele sagen, wir haben einen Webshop, eine App und einen Store – wir machen doch schon lange *Omni-Channel*. Nein, das ist es nicht.

__*Omni-Channel* ist zu einem wesentlichen Teil vor allem ein technisches und ein kulturelles Thema. Die Frage, die allerdings vor allen Aktivitäten kommen muss, ist: Wie setze ich die Philosophie des kundenzentrierten Denkens in meinem Unternehmen um, wie erneuere ich Strukturen, wie überwinde ich die Mauern der alten Fürstentümer in meinem Unternehmen?

__Klar ist: Der Geist der Veränderung muss von ganz oben ausgehen. Der CEO und die Eigentümer machen den Unterschied. *Omni-Channel* ist so etwas wie die Königsdisziplin. Die auch Gefahren birgt. Klassische Zwischenhändler werden vielleicht nicht mehr benötigt. Warum eine Waschmaschine über einen Elektrofachmarkt verkaufen? Der Kunde kann doch theoretisch direkt beim Hersteller ordern. Und was machen die Autohändler? Auch die müssen aufpassen, nicht vom Hersteller »übersprungen« zu werden.

// FANTASIE STATT TRADITION

Die Fantasie, was an der Schnittstelle Kunde-Unternehmen möglich ist, mag momentan noch begrenzt sein, auch weil viele in Traditionen verharren, aber durch digitale soziale Netzwerke wie Facebook oder Plattformen wie YouTube oder Pinterest werden diese aufgebrochen. Zeit, jetzt damit zu beginnen.

WIE FÄNGT MAN AN?

- Personae festlegen und User Journeys aufstellen;
- digitale und analoge Touchpoints nutzen, bezogen auf die verschiedenen Vertriebs- und Customer-Service-Kanäle;
- Konzept für kanalintegriertes Kundenerlebnis erarbeiten;
- Anforderungen für Technologien sowie Sales- und Marketing-Prozessveränderungen ermitteln;
- Technologie- und Vendorenauswahl treffen.

AGILE IT

d.quark 2

WENN MENSCHEN, DIE FRÜHER NICHTS MIT-EINANDER ZU TUN HATTEN, MITEINANDER REDEN, IST EIN AGILER PROZESS IM GANGE. FÜR EINE *AGILE IT* BRAUCHT ES EINEN INTENSIVEN AUSTAUSCH.

__Beweglich statt starr: Um den digitalen Wandel zu meistern, muss man auf eine Eigenschaft wohl verzichten: Beharren. Beharrlichkeit ist sicher etwas Gutes. Aber mit dem Beharren ist es wie mit der Weisheit »Qualität setzt sich durch« – es reicht nicht mehr. Heute ist Agilität gefragt. Ganz gleich wie man das findet. Ein Unternehmen muss in der Lage sein, agil auf Veränderungen zu reagieren. Ist das Beharren-Wollen noch immer stärker als das Agil-Sein, kann man beginnen, Abschied zu nehmen. Abschied vom Erfolg, von steigenden Umsätzen, von seinen Produkten, von seinen Mitarbeitern, von der Firma.

__Agilität ist sicher kein Selbstzweck. Sie hält ein Unternehmen im Wettbewerb. Und das gilt nicht nur im Hinblick auf die *Agile Collaboration*, das gilt auch im Hinblick auf die IT. Mit dem d.quark *Agile IT* haben wir ein Instrument geschaffen, um den technologischen Aspekt des Wandels aufzugreifen.

> **// BEWEGLICHER WERDEN!**
>
> **Auch die IT muss sowohl kulturell als auch technologisch gesehen wendiger, flexibler und beweglicher werden.**

__In Zeiten des digitalen Wandels geht es um eine schnellere Umsetzung von Maßnahmen. Plötzlich ändert sich ein Geschäftsmodell. Plötzlich muss man sehr schnell reagieren. Plötzlich haben sich die Kundenanforderungen geändert. Und dann spielt die IT nicht mit, oder die IT-Abteilung kann das Erforderliche technologisch nicht leisten, weil das System zu starr ist. Ohnehin hat die IT in vielen Unternehmen den Ruf, etwas langsam und schwerfällig zu sein. Das hängt unter anderem damit zusammen, dass IT-Landschaften über die Jahre gewachsen sind. Dass sie immer heterogener geworden sind. Und das stets unter hohem Kosten- und Effizienzdruck. Bei der Installation einer neuen Software heißt es dann meist: Da gibt es zwar noch einige Fehlerquellen, aber beim nächsten Update wird dann alles besser.

// SCHNELL UMSETZEN!

Die IT muss heute die schnelle Umsetzungsfähigkeit abbilden. Sie muss technologisch und von ihrer Architektur her so entwickelt sein, dass das Unternehmen und seine Mitarbeiter flexibel reagieren können, beispielsweise auf neue Kundenanforderungen. Das meiste muss heute »schnell auf die Straße«. Alles andere schadet.

__Ein Beispiel: Ein Unternehmen will eine App entwickeln, die eine mobile Zahlung ermöglicht. Bisherige Entwicklungszyklen von 6 bis 18 Monaten sind sehr lang, sehr aufwendig. Das muss umgangen werden, will man rasch

mit einer mobilen App auf den Markt. Sonst hat sich das Rad weitergedreht, ist die Idee veraltet. Klar, schneller ist nicht immer besser. Eine hastige Lösung birgt Gefahren. Wichtig ist, dass die IT-Systeme so aufgebaut sind, dass zumindest eine rasche Weiterentwicklung der bestehenden Systeme möglich ist, dass sie eben agil sind – und dass Neuerungen nicht klassisch »wasserfallartig« umgesetzt werden.

__Der Weg zur App orientiert sich dabei auch an den Methoden des d.quarks *Digital Business Development*. Auch bei der Entwicklung neuer IT-Lösungen handelt es sich um einen iterativen Prozess, der eng mit der Geschäftsideen-Entwicklung verzahnt ist. Denn Technologie ist kein Selbstzweck. Darum: Was man tatsächlich bauen will, ergibt sich im iterativen Prozess. Und diesen Prozess gestalten die Programmierer und IT-Entwickler nicht allein. Es ist eben nicht mehr so wie einst, als das Marketing oder der Vertrieb Anforderungen »über den Zaun« warfen: »Hier, liebe IT-Abteilung, wir brauchen eine App, macht mal schön, wir kommen in ein paar Wochen wieder.« Und dann setzt sich das Entwicklerteam hin, in aller Ruhe, und bastelt und bastelt und bastelt. Irgendwann kommen sie mit einer App um die Ecke. Die dann aber nicht den Vorstellungen entspricht, dann gibt es Ärger, dann dauert es wieder. Und dann heißt es wieder: Beim nächsten Update wird alles gut. So läuft es nicht mehr. Iterativ heißt, es gibt bei jeder neuen Idee von Anfang an einen engen Austausch, man probiert es gemeinsam aus, man testet gemeinsam und gibt Feedback. Anforderer aus dem Business, Programmierer und Anwender sitzen in einem Raum zusammen und entwickeln gemeinsam. Das ist ein Wesenszug agiler Prozesse. Also müssen Menschen, die bisher einiges trennte, nun ko-operieren.

// DENN SIE SIND WICHTIG

Die IT-Abteilung ist nun ein wichtiger Player im Unternehmen. Das sind nicht nur die, die man holt, weil der PC abgestürzt ist. Das sind die, mit denen die neuen Geschäftsmodelle umgesetzt werden.

__Vertrieb, Marketing und die Führungsebene müssen mit der IT nun einen intensiven Austausch führen, um kundenzentrierte Produkte und Services zu erstellen. Auf der anderen Seite muss der IT klar sein: Wir sind zwar technisch versierter, aber wir müssen auch die Ideen der anderen respektieren und umsetzen. Und daher hat die Einführung einer *Agilen IT* einen techno-logischen Aspekt, erfordert aber mehr noch einen Wandel in der Kommunikationskultur. Man muss nun gemeinsam Anforderungen diskutieren. Jeder Einzelne muss sich neuen Einflüssen stellen, und alte Grabenkämpfe, ob nun zwischen Vertrieb und IT oder zwischen Marketing und IT, müssen der Vergangenheit angehören. Auch die unschöne Entwicklung, dass in vielen Unternehmen so etwas wie eine »Schatten-IT« aufgebaut wurde, weil ein-zelne Abteilungen IT-Produkte von externen Dienstleistern gekauft haben, muss der Vergangenheit angehören. Es muss eine neue, eine gemeinsame Arbeit strukturiert werden. Man kommt unter Umständen sogar täglich

zusammen. Spielregeln müssen gemeinsam aufgestellt werden. Man steht im ständigen Dialog und tauscht sich aus.

__Das hat zur Folge, dass auch das Budget flexibler organisiert werden muss. Bisher gab es ein jährliches IT-Budget, und es wurde entsprechend geplant. Und wollte man mitten im Jahr eine neue Software implementieren, musste das aufs nächste Jahr verschoben werden. In Zeiten einer rasanten technologischen Entwicklung lässt sich das so nicht mehr aufrechterhalten. Eine neue Technologie muss schnell und sofort umgesetzt werden können. Auch hier muss schneller gemeinsam von IT und Business entschieden werden.

__Was die Organisation und die Architektur der *Agilen IT* betrifft, gilt es, zwei Geschwindigkeiten zu organisieren. Auch das hat einen einfachen Grund: Durch die zunehmende Kundenorientierung und die Einbeziehung der Kunden muss sich ein Teil der IT entkoppeln. Zum einen muss es die Systeme geben, die »am Kunden wirken«. Da braucht es eine hohe Agilität. Zum anderen gibt es die datenverwaltenden Systeme, Bestandssysteme, für die regelmäßige, sequenziell ablaufende Entwicklungszyklen absolut ausreichen. Die Herausforderung ist, beide Welten so ko-existieren und zusammenarbeiten zu lassen, dass man die eine nutzen kann, ohne die andere zu beeinträchtigen. Dass die eine gesichert arbeiten kann, ohne dass beide an Flexibilität einbüßen. Auch wenn eine IT der zwei Geschwindigkeiten im Idealfall eigentlich nur eine Zwischenlösung ist, so lange, bis man die gesamte IT agil umgebaut hat. Dazu muss es aber eine Geschäftsidee geben, die das Investment auch rechtfertigt – bis dahin braucht man mindestens eine agile Zwischenlösung der zwei Geschwindigkeiten, so viel ist sicher. Es sei denn, man baut eine neue, komplett agile IT auf der grünen Wiese auf, zum Beispiel, wenn man sich entscheidet, ein neues Unternehmen zu gründen oder einen neuen Geschäftsbereich eigenständig vom Altgeschäft zu errichten.

// IT WIRD ZUM ENABLER

Grundlage einer *Agilen IT* ist wiederum die strategische Ausrichtung. Will sich das Unternehmen stark in digitalen Geschäftsmodellen engagieren, sollen digitale Lösungen ganz klar geschäftsorientiert sein, muss die IT-Architektur im Hinblick auf Kosten und Effizienz angepasst werden, ist sie modular aufzubauen. Die IT muss an Stellenwert gewinnen und immer mehr in die Enabler-Rolle schlüpfen.

__Eine *Agile IT* ist der technologische Ermöglicher von neuen digitalen Services, immer in enger Zusammenarbeit mit den anderen Fachbereichen. Die IT-Abteilung ist nicht mehr das Ausführungsorgan der anderen Abteilungen.

Sicher ist: Die Rolle der IT wird sich wandeln. Möglich ist auch, sich zusätzlich zur bisherigen IT-Abteilung eine eigene agile Software-Mannschaft aufzubauen, die sich ausschließlich um neue digitale Geschäftsmodelle kümmert.

WIE FÄNGT MAN AN?

- Agile Softwareentwicklungsprozesse (zum Beispiel Scrum) definieren;
- neue Rollen in der IT definieren und ausgestalten (zum Beispiel Datenarchitekt, Data Scientist);
- Two-Speed-Lösungsarchitektur und Betriebsmodell konzipieren, erproben und einführen.

AGILE COLLABORATION

d.quark 3

DER WEG ZUM DIGITALEN UNTERNEHMEN IST RADIKAL. WIE DAS GEHT? JEDE UND JEDER MISCHT MIT, DREHT AUF UND KÜMMERT SICH! DAS HAT KONSEQUENZEN FÜR ALLE – TOP-DOWN, BOTTOM-UP.

__Jedes Unternehmen muss sich radikal verändern, wenn es in der digitalen Welt überleben will. Alle nicken. Wer würde es schon wagen, den Kopf zu schütteln? Das Manko ist nur: Jeder will es, aber nicht viele können es! Kein Wunder, dass Unternehmer und Manager händeringend nach Wegen suchen, mit denen sie den Umbau ihrer Organisationen schnell, sicher und effizient bewerkstelligen können. »Wie soll das funktionieren? Wo fange ich an? Wohin führt mich das?« Alles Fragen, die Familienunternehmern und Mittelständlern auf den Nägeln brennen. Denn sie verstehen sich als pragmatische Realisten, nicht als trockene Theoretiker am Reißbrett. Sie wollen umsetzen. Sie wollen machen. Schnell, klar und richtig.

__Wir haben die d.quarks für die Unentschlossenen und die Willigen im Unternehmen entwickelt, denen wir einen Impuls geben wollen, eine Anleitung, wie man mit der digitalen Transformation jetzt beginnt. Aber auch für die Praktiker. Für Menschen, die rasch erfassen, was zu tun ist, und dann nicht lange fackeln. Damit erfüllen sie bereits eine wesentliche Voraussetzung für digitale Unternehmen: agil, also schnell und beweglich zu sein. Das d.quark *Agile Collaboration* hilft dabei, dieses Mindset in das gesamte Unternehmen zu tragen und dort produktiv zu machen. Sicher surfen auf den tosenden Wellen neuer Märkte, Produkte und Dienstleistungen, das ist das Ziel. Die aktuelle

Situation aber sieht so aus: Der Wind dreht sich, neue Wellen entstehen, die alte Welle verliert an Kraft. Jetzt kommt es darauf an, agil und präzise die neue Welle zu erwischen und sie erfolgreich zu reiten.

__Aber Agilität allein reicht heute nicht aus. Man kann sich so schnell drehen und wenden, wie man will, dieses Vermögen muss man mit einem weiteren koppeln: der Fähigkeit zu kooperieren, mit anderen zusammenzuwirken, sich gegenseitig zu unterstützen. Wir können vieles gar nicht mehr selbst entwickeln, herstellen, managen. Deshalb: Aus eins mach zwei! Agile Collaboration bringt Menschen mit unterschiedlichen Backgrounds, Talenten, Fähigkeiten und Kompetenzen zusammen. Raus aus den Silos und dem stillen Kämmerlein. Im energischen Miteinander liegt der Schlüssel, alle Kompetenzen im Team optimal zu nutzen.

// LEGT LOS – MIT DEM BLICK FÜR DAS GANZE!

Jeder im Team kann sich auf ein Thema ausrichten, in dem sie oder er besonders gut ist. Jeder Mitarbeiter kann auf diesem Gebiet das Geschäft weiterentwickeln. Alles nach dem Motto: Agil sein, wo man kompetent ist. Sich dort einbringen, wo man den größten Beitrag leisten kann. Und nicht sinnlos Energie verschwenden, wo man noch Lücken hat. So wird Management flexibel. Und was früher klassischerweise über die Hierarchie gelöst wurde, geht jetzt im Prinzip der Selbstorganisation auf.

__An dieser Stelle gibt es auch einen Link zu einem weiteren d.quark: *Participation*. Kurz gesagt: Die rollenbasierte Führung über Kompetenzen und Fähigkeiten löst den strikt hierarchisch organisierten Kontrollapparat ab. Mitarbeiter werden zu Gestaltern von etwas Neuem. Das Ende der Apparatschiks ist der Anfang der Musketiere: Alle für einen, einer für alle! Dafür muss man aber Führungsverantwortung und Kontrolle im traditionellen Sinne vorher abgeben.

__Um ein digitales Geschäftsmodell zu entwickeln, ist Agilität unabdingbar, denn Innovations- und Strategieprozesse sind nie festgelegt und werden andauernd angepasst. Wer sich Stabilität und Sicherheit erhofft, kann gleich wieder einpacken. Regelmäßige Feedback- und Learning-Sessions sorgen dafür, dass der Laden zusammengehalten wird. Hinzu kommt, Varianten immer wieder spielerisch auszuprobieren und sie iterativ voranzutreiben. Die Conclusio ist bestechend einfach: Was am besten funktioniert, wird fortgesetzt. Was nicht, ab in die Tonne. Das hat für Unternehmer und Berater allerdings einen erheblichen Nebeneffekt: Der Berater wird zum Trusted Advisor und muss vom hohen Ross des Allwissenden herunter. Die Arbeit von Digitalberatern wandelt sich vom allwissenden Berater hin zum Kunden- und Herausforderungsversteher, der sich als Baumeister vernetzter Unternehmen versteht und als Trusted Advisor auftritt. Der Trusted Advisor ist jemand, der als Kurator und Coach eine nachhaltige und vertrauensvolle Beziehung zu Unternehmen und ihren Spitzenkräften aufbaut und die Einstellungen und Vorgehensweisen des Kunden auch hinterfragt. Der Unternehmer bzw. die Unternehmerin betrachtet ihn als Partner im Geiste und Tun. Berater werden zu Netzwerkern für Unternehmer. Womit wir wieder bei den Mittelständlern wären, die pragmatisch und lernwillig sind. Ein entscheidender Vorteil in der digitalen Welt, wo immer alles anders ist, als man glaubt. Versuch und Irrtum prägen dort die Prozesskultur. Wir nennen es neue Unternehmenskultur.

__Bei der Entwicklung digitaler Geschäftsmodelle geht es nicht mehr um den exklusiven Anspruch auf Perfektion und Richtigkeit. Das Zeitalter der alles überstrahlenden Abschlusspräsentation ist zu Ende. Im Gegenteil: Alles ist im Fluss und wird permanent weiterentwickelt. Jede Stufe ist Ende und Anfang zugleich. Ergebnisse zählen nur noch vorläufig, können mehr oder weniger auch fehlerhaft sein, sind aber immer Impulse für die nächsten Schritte. Immer weiter, ohne Unterlass. Es gibt den einen perfekten Prozess nicht mehr. Im Cloud-Zeitalter kommunizieren alle Akteure permanent auf Augenhöhe. Fortschritt hin, Rückschritt her. Präsentation, Wahrnehmung und Debatte finden über die neuen sozialen Medien ständig statt. Die Folge: Keine Meetings, keine Reisen, das spart Geld und Zeit. Und trotzdem: *always on, always change*. Mund abputzen und weiter!

__Wer oder was aber entscheidet in letzter Konsequenz in den neuen unübersichtlichen, zunehmend komplexeren Räumen? Hierarchie, Macht oder die beste Lösung? Oder anders gefragt: Braucht man in agilen Kooperationsumgebungen überhaupt noch einen Chef? Die Antwort ist auch hier radikal: Die Entscheidungskompetenz sollte an die Gruppe delegiert werden, die von Haus aus die höhere fachliche Entscheidungskompetenz hat. Ein schlauer

Manager oder eine kluge Managerin vertraut deshalb auf die strategische Lösungsintelligenz der Mitarbeiter, weil er oder sie anerkennt, dass man alleine überfordert wäre. Verantwortlich zu sein und trotzdem Kontrolle abzugeben ist wiederum eine riesige Herausforderung für Eigentümer und Führungskräfte in der digitalen Transformation. Über diese Brücke aber müssen sie gehen.

__Und die Unsicherheit ist noch nicht zu Ende. Denn die komplexen Geschäftsabläufe funktionieren längst nicht mehr linear, wenn man iterativ und multidisziplinär vorgeht. Es passieren Sprünge, Überraschungen und Veränderungen, die nicht mehr vorhersehbar sind. Neue Wellen brechen herein, die es zu surfen gilt. Manager aber wollen Sicherheit und Planbarkeit. Ein Konfliktfeld? Muss nicht sein, aber Vorstände und Geschäftsführungen können nicht mehr alles wissen. Sie müssen lernen, Unschärfe und Unsicherheit auszuhalten und zu managen. Die Allmachtsrolle kann keiner mehr erfüllen.

__Das hat Folgen, die man aushalten muss. Der Schwarm ist intelligenter als der Einzelne. Aber jeder Schwarm ist immer nur so gut wie jeder Einzelne. Es geht nicht mehr um den einen Einzigen. Niemand muss mehr der Beste sein. Die Zusammenstellung des Schwarms oder Teams bleibt die wichtigste Managementaufgabe. Dazu ist es unabdingbar, dass jeder seine eigenen Individualziele in Richtung Teamziel definiert. Diese dynamischen Impulse entfachen dann eine Kettenreaktion. Was wiederum flache Hierarchien und kurze Entscheidungswege benötigt. Die unternehmerische Ordnung wird adaptiver, anpassungsfähiger.

__Am Ende kennen digitale Unternehmen nur ein einziges Ziel: kreativ und innovativ sein. Sich selbst wach halten und die wilden Unwägbarkeiten des Wirtschaftens und der Märkte in ihre Abläufe miteinbeziehen. Willkommen in der neuen Welt!

WIE FÄNGT MAN AN?

- Multidisziplinär zusammengesetzte Teams etablieren;
  - Netzwerk von externen Kollaborationspartnern aufbauen;
- Kollaborationstools zur Unterstützung agiler Arbeitsweisen und des Wissensaustauschs einführen.

WORKPLACE DESIGN

d.quark 4

IDEEN UND INNOVATIONEN KÖNNEN NICHT VERORDNET WERDEN. DER WANDEL IN DER DIGITALEN WELT BEGINNT AM ARBEITSPLATZ. WER INNOVATIV SEIN WILL, FÜR DEN HEISST ES: BÜROZELLE, ADIEU!

__Wo arbeiten wir? Das ist eine entscheidende Frage. Die Mitarbeiter sollen kreativ sein, sie sollen innovativ sein, und zwar genau zwischen 9 und 17 Uhr. Schön und gut, die Zusammenarbeit wird jedoch häufig noch in der analogen Büro-Tradition des 20. Jahrhunderts organisiert: Es gibt Abteilungen, streng getrennt versteht sich, Kontakt hat nur, wer zur Abteilung gehört. Wissen wird nicht ausgetauscht, sonstiger Kontakt auf das Mindeste reduziert – und Kollaboration ist in jeder Hinsicht ein Fremdwort. Der Chef selbst verschanzt sich in seinem durch harte Aufstiegsarbeit errungenen Eckbüro. Türe natürlich zu. Ab und zu kommt er raus, geht durch die Reihen und fragt: »Na, läuft's?«

__Ansonsten ist er nicht zu sehen, sitzt in Meetings oder ist »unterwegs«. Ein persönliches Gespräch ist schwierig, Anrufe auch, E-Mails gehen nur über die Sekretärin. Die Stimmung im Team ist so lala. Austausch findet nur in der schmalen Teeküche statt. Dort stapelt sich das Geschirr. Das einzige Thema: unser Chef!

__Auf dem Schreibtisch sieht es aus, wie es meist aussieht am Büroschreibtisch: rechts ein Foto der Familie, links eine Zimmerpflanze. An Stellwänden kleben Postkarten, der Speiseplan der Kantine (»Vegetarische Woche«) und eine Telefonliste. Und dann heißt es: So, jetzt seid mal schön innovativ!

__Die Frage ist: Geht so Innovation? Mit Mitarbeitern, die sich kaum sehen, höchstens auf dem Gang mit einem »Mahlzeit!« Kontakt aufnehmen. Die in Bürozellen hocken und Routinejobs machen. Wo bleiben Geist, Anregung, Austausch? Das kann nicht den Anforderungen an einen modernen Arbeitsplatz entsprechen. Es gilt, eine neue Arbeitsumgebung zu schaffen:

// DEN GEIST ANREGEN

Das Stichwort heißt Flexibilität. Die Arbeit wird flexibler, die Prozesse werden flexibler – dementsprechend muss der Arbeitsplatz flexibler werden. Der Geist muss ins Rollen kommen, Ideen müssen ausgetauscht werden, damit sie zu Innovationen werden. Und die Umgebung muss den Geist anregen – statt ihn einzuebnen.

__Das d.quark *Digital Workplace* steht für die Fähigkeit, einen Arbeitsplatz zu implementieren, der sowohl technologisch als auch innenarchitektonisch Energien und Wissen freisetzt. In Unternehmen sollten Orte, Räume, Zonen geschaffen werden, in denen Ideen in einem geschützten Rahmen entwickelt und ausprobiert werden – in denen auch quergedacht, rumgesponnen und immer wieder neu angesetzt werden kann. Ideen entstehen nicht im sterilen Konferenzraum »Stockholm«, der nach Gesichtspunkten der Funktionalität, aber eben nicht im Hinblick auf Kreativität konzipiert wurde. Innovationstechniken wie Design Thinking, die auf Ausprobieren und dem

sogenannten Prototyping basieren, lassen sich nicht in abgetrennten Arbeitszellen in einem Großraumbüro umsetzen.

__Mit anderen Worten: Die Arbeitsplatzgestaltung ermöglicht, fördert, unterstützt neue wesentliche Kulturelemente in der digitalen Welt. Sie alleine ist kein Selbstzweck. Sie ist das sichtbare Zeichen der Auflösung der Silomentalität, der Einführung hierarchiefreier Formen der Zusammenarbeit und des Wissensaustausches, der Teilhabe der Mitarbeiter an Entscheidungsprozessen.

// BRINGT SIE ZUSAMMEN!

Innovation heißt heute, Wissen, Kompetenzen und Menschen zusammenzubringen, aus verschiedenen Disziplinen, aus verschiedenen Abteilungen.

__Das heißt: Auch die aus dem achten Stock sollen mit denen aus dem sechsten Stock kollaborieren. Und die aus der 14. Etage sind nicht zwangsläufig die Feinde, bloß weil das schon immer so war. Also: Wie bringt man sein Team zusammen, wie organisiert man Wissensaustausch? Die Prinzipien der Arbeitsplatzgestaltung müssen heute stark an die digitale Unternehmenskultur angelehnt sein. Also *workplace follows culture*. Deshalb steht das d.quark *Digital Workplace* in engem Zusammenhang mit den beiden d.quarks *Agile Collaboration* und *Participation*.

__Und da haben wir den Ansatzpunkt: In Zeiten des digitalen Wandels rückt das Produkt etwas in den Hintergrund, die digitalen Services werden wichtiger – und vor allem geht es heute um die Bedürfnisse der Kunden.

__Was braucht der Kunde? Was sind seine individuellen Wünsche? Exakt diese Maßgabe lässt sich auf die Arbeitsumgebung übertragen und auf die Bedürfnisse der Mitarbeiter. Der Arbeitsplatz sollte nach deren Bedürfnissen gestaltet werden. Die Basis dafür ist Vertrauen. Im Hinblick auf Arbeitszeit und Arbeitsort. Und auch im Hinblick auf das Equipment. Wenn Mitarbeiter etwas testen wollen, brauchen sie schnellen Zugang zu technischem Equipment, zu spezieller Software, zu Tools.

// VERTRAUEN IST DAS A UND O

Meterlange Anträge, um einen Laptop auszuleihen, sind eher Zeichen einer Misstrauenskultur. Wenn ausprobiert werden soll, braucht es einen ungehinderten Zugang zu Materialien. Das ist Vertrauenskultur – neben den architektonischen Details die wichtigste Voraussetzung eines neuen Workplace.

__Das *Digital Workplace*-Design ist eine Fähigkeit, motivierende Arbeitsumgebungen zu entwickeln, sowohl im Unternehmen als auch für mobile Arbeitsplätze und für Home-Office-Arbeitsplätze. Arbeit wird ortsunabhängig und zeitunabhängig. Da geht es auch um solche Fragen: Wie muss ein IT-System gestaltet sein, um Zugang für alle zu schaffen? Welche IT-Sicherheitssysteme werden benötigt,

um Arbeitsprozesse abzusichern? Doch die erste Frage muss sein: Welcher Strategie folgen wir? Nach welchen Kulturelementen wollen wir leben und arbeiten? Wollen wir ein agiles, kreatives, innovatives Unternehmen sein? Wenn ja, welche Bedürfnisse ergeben sich im Hinblick auf Kommunikation, Wissensmanagement und Ideenentwicklung? Wenn mehr Kundenorientierung das Ziel ist, müssen beispielsweise Tools geschaffen werden, um Kunden die Co-Creation und Collaboration zu ermöglichen.

__Typisch für die Arbeit im digitalen Umfeld ist: Offenheit. Ideen werden geteilt, Inhalte ausgetauscht. Netzwerke stehen für Öffnung, für Teilhabe, für Kommunikation. Und gemeinsam probiert man aus, ohne es zuvor zu zerreden. Um etwas zu verstehen, muss man es ausprobieren. Das ist eine Binsenweisheit. Man kann stundenlange Präsentationen über die Wirkweise eines 3-D-Druckers über sich ergehen lassen – oder, und das ist wesentlich besser, man schafft einen Raum, in dem die Mitarbeiter einen 3-D-Drucker ausprobieren und mit ihm experimentieren können. Die Dinge entstehen im Ausprobieren, selten im Drüber-Quatschen. Zumal so auch die »Zensoren« und die üblichen »Bescheidwisser« ausgebremst werden.

// FUNKTIONIERT!

Sätze wie »Das funktioniert nicht!« oder »Dafür gibt es keinen Markt!« sind in den neuen Experimentierräumen so erwünscht wie Blitzeis im Januar.

__Ein Wort ist in der Vergangenheit selten mit der Arbeit in Zusammenhang gebracht worden: wohlfühlen. Arbeit war Arbeit! Basta! Doch je mehr Routinejobs wegfallen, je wichtiger Kreativ- und Wissen-Jobs werden, desto mehr rückt eben dieses Wort in den Vordergrund: wohlfühlen. Wer sich wohlfühlt, wer in einem kreativen Umfeld, in einem den Geist stimulierenden Umfeld tätig sein kann, wird produktiver. Und das gelingt am besten in Umgebungen, die kein festes Ziel haben. Kreative Arbeit ist eben keine Fließbandarbeit.

__Es braucht Zonen der Kommunikation, Sitzecken, Farben und ein bewegliches, nicht ein starres Mobiliar. Auch das Kaffeeküchen-Konzept ist ausbaufähig. Das Ziel der Kaffeeküche ist die Herstellung von Kaffee. Aber sie ist vor allem ein Ort der Kommunikation. Man erfährt, was der andere macht, man erfährt, über was die andere gerade grübelt. Man tauscht sich aus. Und manchmal ist es nur ein Wort, eine Meinung, eine Einschätzung, die eine entscheidende Tür im Kopf öffnet. Macht also die Kaffeeküchen größer, macht sie bequemer, macht sie loungiger, macht sie so, dass Menschen länger dort bleiben und tun, was sie dringend tun müssen: interagieren. Oder um es etwas schicker auszudrücken: Social Collaboration betreiben.

__Deshalb: Unternehmen benötigen so etwas wie Laboratorien, Labs, in denen geschützt gearbeitet werden kann. Workplace Design ist eine Fähigkeit, die ein Unternehmen kultivieren sollte. Wie ein IT-System auf die tatsächlichen Bedürfnisse der Mitarbeiter, muss auch die Arbeitsumgebung auf die tatsächlichen Bedürfnisse abgestimmt sein. Wenn neue digitale Geschäftsmodelle entstehen sollen, wird eine digitale Arbeitsumgebung benötigt, und die muss so offen und gleichzeitig so geschützt sein wie möglich. Arbeit ist heute ortsunabhängig, es wird zu Hause, am Flughafen, im Zug, im Café gearbeitet. Der Arbeitsplatz ist der Laptop, nicht das Cubicle, die kleine Bürozelle im Großraumbüro.

WIE FÄNGT MAN AN?

- Mitarbeiterzentriert die Bedürfnisse von Zusammenarbeit und Wissensaustausch aufnehmen (mit Design Thinking) und die gemeinsamen digitalen Kulturelemente definieren;

- Arbeitsformate für die ermittelten unterschiedlichen Bedürfnisse entwickeln;

- Innenarchitektur, Raumgestaltung auf Basis der Formate entwerfen.

DIGITAL BUSINESS DEVELOPMENT

d.quark 5

SPIELERISCHER UND WENIGER UNTER ZEIT-DRUCK – INNOVATION BEDEUTET ZUNÄCHST, SICH MEHR ZEIT FÜR DAS PROBLEMVERSTÄND-NIS ZU NEHMEN. ABER WAS VERSTEHEN WIR EIGENTLICH UNTER DEM KONZEPT »MIT DEN HÄNDEN DENKEN«?

__Ein Kind will auf einen Baum klettern. Es will nach ganz oben. Es fängt unten, bei den dicken Ästen an, arbeitet sich hinauf, dann werden die Äste dünner und wackliger. Jetzt muss jeder einzelne Ast genau getestet werden, ehe das Kind weiterklettert. Konzentriert macht es sich ans Werk. Bricht ein Ast, wird diese Lernerfahrung sofort ge-nutzt, um einen anderen Weg zum Wipfel zu nehmen. Und da zeigt sich: Das Kind kommt nicht nach oben, in-dem es sich unten einen Plan macht, wie es klettern muss. Es kommt nach oben, indem es Wege ausprobiert. Und genau so geht *Digital Business Development*, ein weiteres d.quark. *Digital Business Development* bedeutet: spielen, ausprobieren, sich Zeit lassen – und sich nicht reinreden lassen.

__Ein digitales Geschäftsmodell? Wie entwickelt man das? Diese Frage treibt Unternehmen um. Und im Prinzip gibt es dafür eine Vorgabe und einen Rat: ausprobieren und lernen. Die Vorgabe ist, dass Geschäftsmodelle heute an der Nutzerin und am Nutzer orientiert sein müssen. Ein Produkt muss nicht noch perfekter werden. Es muss Kun-denbedürfnisse befriedigen. Punkt eins, Punkt über allen anderen.

__So ähnlich funktioniert die Entwicklung digitaler Geschäftsmodelle. Nicht fragen: Was muss ich entwickeln? Sondern fragen: Was will mein Kunde, meine Kundin? Dazu muss man aber erst mal die Kunden verstehen, ihre Bedürfnisse und persönlichen Wünsche begreifen. Und das bedeutet, sich intensiv mit den Kunden auseinanderzusetzen.

__Da heißt es Abschied nehmen zum Beispiel von der guten alten Marktforschung. Denn die »Mafo« testet ein Produkt, und wenn dieses ankommt, wird es auf den Markt gebracht. Wenn nicht, verschwindet es. Das bedeutet viel Aufwand. Viel Zeit und Kraft, die in das womöglich falsche Produkt gesteckt werden. Und einen wirklichen Kundenkontakt gibt es bis zum Verkauf nicht. Der Kundenkontakt muss aber heute früher ansetzen, viel früher.

__Abschied nehmen heißt es auch von traditionellen Innovationswegen. Früher bauten Produkt- und Innovationsmanager neue Produkte, die sich am State of the Art orientierten, also das Beste, was man bauen konnte. Anregung gab es noch vom Marketing. Vielleicht auch aus der Chefetage.

// SEIT EIN TAXI NICHT MEHR EIN TAXI SEIN MUSS …

Aber seit ein Taxi nicht mehr ein Taxi sein muss, seit Uber praktisch alle Autos zu Taxis erklärt, und seit eine Suchmaschine aus Mountain View ein kartoffelähnliches selbstfahrendes Auto baut (noch vor den Autokonzernen) und seit Übernachtungen dank Airbnb nicht mehr eine Hoteldomäne sind, geht es nicht mehr darum, das perfekteste der perfekten Produkte zu entwickeln, sondern ein Kundenbedürfnis zu stillen.

__Und wie geht das? »Iterativ« und »explorativ« heißen die Zauberwörter. Ein digitales Geschäftsmodell entsteht heute im »iterativen« Prozess und indem man es erforscht und erkundet, also exploriert. Also Schritt für Schritt. Man könnte auch sagen: immer wieder ausprobieren. Keiner erwartet die perfekte Lösung zu Beginn. Niemand wird unter Druck gesetzt, bis zu einer Deadline ein perfektes Produkt vorzulegen. Produktentwicklung ist heute Annäherung. Die schrittweise Annäherung an das spätere Produkt. Iterativ und explorativ. Dieses Denken ist der Kern des d.quarks *Digital Business Development*. Es ist die Fähigkeit, Geschäftsmodelle aufzubauen, die an der Nutzerin oder am Nutzer orientiert sind. Dazu gehört neben dem Wissen um die User Journey auch die Fähigkeit, einen iterativen und explorativen Prozess zu initiieren.

Im Grunde braucht man für einen iterativen, explorativen Prozess Kinder, die auf den Baum klettern wollen, also Menschen, die spielerisch etwas ausprobieren möchten.

__Und was braucht man nicht: Menschen, die abwinken und sagen: »Dafür gibt es eh keinen Markt.« Denen kann man nur entgegnen: Es hätte nie ein iPhone gegeben, wenn Apple auf diejenigen gehört hätte, die dafür keinen Markt sahen. »Telefonieren, Musik hören und Internetzugang in einem Gerät für unterwegs? Dafür gibt es doch keinen Markt!«

__Iterativ arbeiten lässt sich mit der richtigen Mischung von Menschen. Dafür brauchen wir das d.quark *Agile Collaboration*. Es müssen sogenannte Out-of-the-Box-Denker sein. Menschen aus dem Unternehmen, die eine Herausforderung wagen und nicht auf Bewährtem und Gewohntem beharren wollen, auch Menschen von außerhalb des Unternehmens, natürlich auch Kunden. Menschen also, die immer wieder bereit sind auszuprobieren, zu lernen und zu testen. Die den Mut haben, Fehler zu machen und aus ihnen zu lernen.

__Explorativ arbeiten bedeutet, den Mut zu haben, Dinge zu erforschen, sie einfach mal auszuprobieren – und das zu einem sehr frühen Zeitpunkt. Wir brauchen Mut-Macher. Entdecker. Neugierige. Menschen, die bereit sind, den

ersten Schritt auf unbekanntem Terrain zu gehen. Menschen, die anderen vorleben, wie es ist, wenn sie wieder auf Bäume klettern.

> ## // DER SCHWARM
>
> **Es gilt also, sozusagen die Schwarmintelligenz innerhalb und außerhalb des Unternehmens zu nutzen. Denn möglichst viele Kompetenzen, Erfahrungen und Sichtweisen sollen in den Prozess einfließen.**

__Und es braucht Räume für das Denken. Einfach einen kreativen Platz zum Spielen, zum Ausprobieren, zum Kommunizieren. Es gibt Papier, Schere, Spielzeug, Lego, Knete. Es geht darum, eine spielerische Arbeitsumgebung zu gestalten, auch um Hemmschwellen zu senken. Weil Innovation und Kreativität eben nicht auf Anordnung oder per Knopfdruck funktionieren. Deshalb muss parallel das d.quark *Digital Workplace* entwickelt und aufgebaut werden. Vom Ort soll das Signal ausgehen: Hier ist alles möglich, probiert es einfach aus! Ergänzend braucht es eine Tool-Box für das Prototyping, das ein zentrales Element bei der Entwicklung neuer Geschäftsmodelle ist.

__Prototyping wird auch das »Mit den Händen denken« genannt. Es ist die Tätigkeit, wenn eine Idee in eine Form gebracht wird, wenn sie mit den Händen gefertigt wird, ganz gleich mit welchen Materialien. Stoff, Papier, Holz oder Metall, ganz egal. Möglichst mit wenig Aufwand, aber auf jeden Fall etwas »Greifbares«. Damit man sich eine Idee vorstellen kann, damit sie sichtbar wird.

__Wichtig ist, diesen Prozess in Gang zu setzen. Wichtig ist
auch, sich Zeit zu nehmen. Früher hatte man ein Problem
schnell abgehakt und ist dann zur Lösung übergegangen.
Heute ist es angebracht, sich mehr Zeit für das Problemver-
ständnis zu nehmen. Je gründlicher wir die tatsächlichen
Probleme von Nutzern und Kunden verstehen, umso
schneller entwickeln wir die passgenaue Lösung. Irgendwie
logisch. Und vor allem sollten alle am Prozess Beteiligten
mehr Zeit für die Entwicklung einer Lösung einplanen. Eine
Idee muss ausprobiert, muss revidiert werden. Es muss
Feedback eingeholt werden. Viel Feedback. Noch mehr
Feedback. Direktes Feedback von den Nutzern. Über gutes
Feedback kommt man schneller in die Tiefe. Über das
Feedback lässt sich das Produkt dann auch leichter differen-
zieren. Was macht das Produkt aus? Wem nutzt das Produkt
in welcher Lebensphase? Wer braucht es nicht, für wen
kann es sehr wichtig werden?

__Und diese Differenzierungen müssen wieder ausprobiert
werden. Wieder und wieder. Iterativ eben. Als Richtschnur
gilt dabei eine Frage: Was hat der Kunde davon? Das mag
Zeit in Anspruch nehmen. Aber ist dann ein Lösungsansatz
gefunden, wird Zeit und Budget gespart, weil man mit einer

tatsächlichen Lösung an den Markt geht. Und nicht mit einer vermeintlich perfekten Lösung, die dann keine Nutzer findet, weil sie den Bedürfnissen der Kunden nicht entspricht.

> ## // MACHT ENDLICH DAS KÄMMERLEIN AUF!
>
> **Das hat häufig noch Tradition: Viele Unternehmen meinen, man wisse schon selbst am besten, was der Markt braucht. Doch die Zeit der Innovation im stillen Kämmerlein ist abgelaufen. Das stille Kämmerlein muss sich öffnen.**

__Das Unternehmen muss sich aber nicht nur nach außen, zum Kunden hin öffnen. Als Unternehmen muss man auch die IT-Abteilung und die Forschungsabteilung zusammenbringen, das Marketing und den Vertrieb. Es muss eine multidisziplinäre Innovationsmethodik etabliert werden, es müssen Brücken geschlagen werden, auch für eine Zusammenarbeit mit externen Kräften wie Start-ups, Universitäten oder Forschungseinrichtungen. Es geht darum, Know-how reinzuholen und neue Formen der Zusammenarbeit herzustellen. Stichwort: Open Innovation.

__Ein weiterer Weg, um digitale Geschäftsmodelle zu entwickeln, ist die Implementierung eines Inkubators. Also die Ausgründung einer digitalen »Zelle«, eines firmeneigenen Start-ups, in dem in einem geschützten Rahmen – und klar getrennt von der bestehenden Organisationsstruktur – neue Ideen entwickelt werden können. Ein Inkubator hat ein eigenes Budget, ist abgegrenzt vom Rest des Unternehmens –

und wird nach anderen Erfolgskriterien bewertet und gesteuert. Beispielsweise kann ein Inkubator genutzt werden, um den digitalen Kulturwandel im Unternehmen generell voranzutreiben. Dafür muss vorab geklärt werden: Wollen wir den Inkubator, um Ideen zu entwickeln? Oder wollen wir den Inkubator, der konsequent profitable Geschäftsmodelle aufbaut und neue Marktfelder erschließt? Soll der Inkubator daran arbeiten, das Unternehmen neu zu erfinden? Das muss vorab entschieden werden. Und ganz wichtig ist das Sponsoring von oben. Wenn die Führungsebene nicht sagt »Wir wollen das!«, dann wird es nicht funktionieren.

// IDEEN SAMMELN – VON JEDEM

Ein weiteres Vorgehen, das die Stellung eines Inkubators im Unternehmen untermauert, ist Crowdsourcing. So kann in allen Abteilungen gefragt werden, welche Ideen es gibt, anschließend wird darüber abgestimmt, und mit den besten Ideen geht der unternehmenseigene Inkubator an den Start. Im besten Fall ergeben sich daraus neue digitale Geschäftsmodelle. Und Mitarbeiter werden zu Gründern.

WIE FÄNGT MAN AN?

• Nutzerzentrischen Innovationsprozess für die
Entwicklung digitaler Geschäftsmodelle nach
den agilen Arbeitsweisen des Design Thinking
und Prototyping definieren und institutionalisieren
(Schaffung von Strukturen, Tools und nötiger
Rollen);

• projektbezogen multidisziplinäre Teams (intern
und extern) zusammenstellen;

• Geschäftsmodellentwicklungsprozesse auf
Basis von Lernerfahrungen weiterentwickeln.

BIG DATA

d.quark 6

TÄGLICH ENTSTEHEN GEWALTIGE DATENBERGE. DATEN SIND EIN SICH STÄNDIG VERMEHRENDER ROHSTOFF. HÖCHSTE ZEIT, MIT DEM »SCHÜRFEN« DIESER RESSOURCE ZU BEGINNEN.

__Morgens aufstehen, mit der S-Bahn zum Bahnhof fahren, dort in einen Zug steigen, von Berlin nach Hamburg fahren, in Hamburg mit dem Taxi zu einem Hotel, von dort zu einem Geschäftstermin: Kaum was getan, aber eine Unmenge an Daten generiert. Positionsdaten, Bewegungsdaten, ganz zu schweigen von der Datenmenge, die bei der Beantwortung von Mails während der Zugfahrt anfällt und bei den Runden auf Twitter und Facebook. Vielleicht hat sich unser Geschäftsreisender im Netz noch Ferienhäuser für den Sommer angeschaut oder nach einem Paar neuer Laufschuhe gesucht – und dabei den Berg weiter vergrößert: den Datenberg. Google weiß, was wir machen. Apple nimmt sich auch seinen Teil vom Kuchen. Amazon kennt unser Konsumverhalten besser als die eigenen Freunde. Und so ist es, wie es ist: Der Datenberg wird dank uns immer größer.

__Schätzungen des Statistischen Bundesamts gehen davon aus, dass sich die weltweite Datenmenge bis 2020 auf 40 000 Exabyte vergrößern wird. Ein Exabyte entspricht einer Milliarde Gigabyte. Und alle machen mit!

//WIR DATENSCHÜRFER

Mit jeder verschickten Nachricht, jedem hochgeladenen Foto bei Facebook oder dem Einkauf im Onlineshop produzieren wir Daten. Ein unentwegter Abbau im persönlichen Daten-Bergbau. Ein unerschöpfliches Reservoir an einem höchst wertvollen Gut. Der Preis für die kostenlose Nutzung von sozialen Netzwerken oder Navigationssystemen.

__Für die führenden Unternehmen im digitalen Business erweist sich das als gewaltiger Deal, der aber allem widerspricht, was man vor diesem Jahrtausend über den Erfolg eines Unternehmens dachte. Die globalen Daten-Player wie Airbnb, Uber oder Facebook haben keine wirklichen Assets, sie verfügen nicht über produzierende Maschinen. Der Übernachtungsanbieter Airbnb hat keine Hotels, und Uber besitzt keine Autos. Sie besitzen nur Daten. Die Zahl ihrer Mitglieder und Nutzer wächst ständig. Und mit ihnen die Menge an Daten. Und mit der Menge an Daten der Umsatz.

__*Big Data* ist daher nicht nur ein technisches Thema, sondern auch eine neue Fähigkeit, die ein Unternehmen haben muss, als d.quark *Big Data*. Fakt ist: Produktorientierte Unternehmen werden zunehmend softwareorientierte Unternehmen. Das Produkt wird bleiben, vermutlich auch weitgehend die physische Infrastruktur in Unternehmen. Aber die Wertschöpfung für neues Wachstum liegt in den Daten.

// WAS UND WIE?

Für die Wertschöpfung werden die Daten immer bedeutender. Doch wenn man sie hat: Was macht man damit? Wie bringt man die Daten zusammen? Wie schafft man Mehrwert?

__Sicher ist: Es besteht kein Mangel an Daten. Auch die Verschmelzung von Daten wird zunehmen. Was es jetzt braucht, sind technische Architekturen, Technologen und Data Scientists, Sicherheitsprozesse und vor allem eine klare Strategie für Daten, um diese stärker in die Entwicklungsprozesse für neue Geschäftsmodelle einzubauen. Daten sind die Grundlage für neue Geschäftsmodelle. Sie sind heute geschäftskritisch.

__Ein Unternehmen muss wissen, wie ein Kunde das Produkt nutzt. Ein Unternehmen sollte überhaupt sehr vieles von seinen Kunden wissen. Und es sollte sich Mühe geben, an Daten zu gelangen. Ein Autozulieferer sollte nicht abwarten, bis der Auftrag für neue Teile kommt, er sollte sich schon frühzeitig, möglichst beim Designprozess eines neuen Autos, mit den Ingenieuren vernetzen und Daten austauschen.

__Und es müssen Lösungen gefunden werden, dass Kunden auch motiviert sind, Daten preiszugeben, beispielsweise indem Communitys geschaffen werden. Dabei muss aber für den Kunden ein Vorteil klar erkennbar sein. Über WhatsApp kann jeder Nutzer kostenlos Textnachrichten verschicken, das ist der Anlass für Kunden, ihre Daten preiszugeben. Das haben Millionen Nutzer bereits so entschieden, allen Datenschutzbedenken zum Trotz.

// DATENGEBER

Der Kunde ist so: Er macht Dinge, wenn er sieht, dass er einen Vorteil daraus ziehen kann. Dann gibt es auch Daten.

__Das heißt: Um an Daten zu kommen, müssen wir den Kunden besser verstehen. Was er oder sie will, was ihm oder ihr wichtig ist und ab wann er oder sie bereit ist, Daten zur Verfügung zu stellen. Das Kundenverständnis ist daher zentral, zumal die Differenzierung über das Produkt immer schwieriger wird. Aber ein Kundenverständnis erlangt ein Unternehmen wiederum nur über Daten. Das ist die erste Erkenntnis. Die zweite: Das Produkt ist wichtig, aber nicht entscheidend. Der Service macht den Unterschied. Wer interessiert sich heute schon für seinen WLAN-Router zu Hause? Wichtig ist, dass der Telekommunikationsanbieter einen einwandfreien Service bietet.

// A? ODER LIEBER B?

Ob ich Produkt A oder Produkt B kaufe, ist zweitrangig. Der Unterscheidungsgrad von Waschmaschinen ist heute überschaubar. Wenn eine kaputt ist, stellt man sich eine neue hin.

__Und die dritte Erkenntnis, die mehr eine Handlungs-empfehlung ist: Ein Unternehmen muss heute auch in der Lage sein, gewaltige Datenmengen nicht nur zu sammeln, sondern auch zu analysieren und auszuwerten. Nur dann ergibt sich ein Mehrwert.

__Wie gehen wir mit den Datenbergen um? Das ist die Herausforderung. Es gibt für jedes Unternehmen zahlreiche Datenquellen mit unterschiedlich »wertvollen« Daten. Doch wie findet man sich zurecht in diesem Datensortiment? Für die Logistik sind beispielsweise Wetterdaten von immenser Bedeutung. Wer die Lieferkette aufrechterhalten will, sollte wissen, ob es schneit oder friert. Wetterdaten passen aber nicht unbedingt zu Daten des Produktdesigns. Auch muss die Frage geklärt werden, ob Servicedaten, die von Senso-ren stammen, von Verkaufsdaten entfernt »lagern« sollten oder nicht, ob man eine »Trennung« von Daten benötigt oder ein Zusammenführen.

// GIBT ES EINEN PLAN?

Grundsätzlich müssen verschiedene Daten in einen »Datentopf« integriert werden, in dem die gesammel-ten Daten logisch zusammenpassen. Doch wer macht das? Welche Daten sollen genau gesammelt und integriert werden? Was ist der Plan zur Umsetzung?

__Strategisch mag es sinnvoll sein, die Sammlung, Integra-tion und analytische Auswertung und Weiterverarbeitung der Daten zunächst höchst flexibel zu halten und komplett über einen externen Cloud-Service umzusetzen. Alternativ

kann die Sammlung und Integration der Daten aber auch in einem eigenen Datacenter erfolgen. Auf diese Weise hat man eine noch größere Kontrolle über die Daten als bei der Auslagerung in die Cloud. Die analytische Aufbereitung der Daten kann dabei trotzdem über externe Cloud-Services erfolgen, die auf den eigenen gelagerten Daten im eigenen Datacenter aufsetzen. Dabei ist man in der Nutzung neuer Analysealgorithmen flexibel, die durch innovative Cloud-Anbieter in den Markt gebracht werden, hat aber gleichzeitig die volle Kontrolle über die Daten im eigenen Datacenter. In jedem Fall heißt das, man muss nicht alles selber machen. Wichtig ist dabei die Geschäftsvision, also warum und wofür die Daten gesammelt und aufbereitet werden, welches Wertversprechen damit unterstützt oder ermöglicht wird und wo man Flexibilität und Sicherheit gegeneinander abwägen muss. Also auch hier gilt: Ein Unternehmen muss sich über die Geschäftsvision im Klaren sein. Es braucht Antworten auf folgende Fragen: Sollen digitale Services angeboten werden, beispielsweise über Sensoren an Waschmaschinen? Dann müssen Sensordaten gesammelt und ausgewertet werden. Also braucht es eine Technologie für Sensordaten. Oder geht es darum, zunächst eine Plattform für Data-Mining-Prozesse zu entwickeln, um dann zu schauen, welche Geschäftschancen die Daten ermöglichen können? Oder benötigt das Unternehmen eine Analytics-Plattform, um permanent eingehende Kunden- und Kaufdaten zu analysieren und den Data Lifecycle von Produkten besser zu erfassen? Das muss geklärt werden. Die nächste Frage: Welcher Technologiepartner hilft mir, das aufzubauen?

// UND WAS IST DIE WICHTIGSTE VORAUSSETZUNG?

Sie brauchen eine Datenstrategie!

__Wichtig auch: Daten wirken ebenfalls nach innen. Auch innerhalb von Unternehmensprozessen fallen Datenmengen an, unter anderem bei der Unternehmenssteuerung, bei der Supply Chain, bei der Produktionssteuerung. Auch diese Daten sollten gesammelt und es sollte in den Blick genommen werden, inwieweit sich Abläufe stärker durch Daten steuern lassen.

__Es muss sich ganz einfach der Gedanke durchsetzen, dass Daten wichtiger sind als alles andere. Warum ein Auto verkaufen – wenn man doch statt des Geldes des Kunden seine Daten haben kann? Ein Auto im Wert von 30 000 Euro kann ein Hersteller durchaus kostenlos an Kunden abgeben, und im Gegenzug stellt der Kunde dann alle anfallenden Daten zur Verfügung: Fahrzeugdaten, Fahrverhalten, Entertainmentdaten und so weiter. Das ist dann nicht mehr nur das Managen von Daten. Das ist das strategische Sammeln von Daten mit dem Ziel, neue Services aufzubauen und eventuell einen weiteren Markteintritt vorzubereiten.

//WAS GIBT ES FÜR DIE DATEN?

Der Kunde muss davon profitieren, dass er seine Daten gibt. Kunden werden generell selbstbewusster, auch was den Umgang mit Daten angeht. Ohnehin wird es künftig einen noch bewussteren Umgang mit Daten geben. Die Nutzer werden mehr und mehr verstehen, welchen Wert Daten haben – und dann sehr gezielt entscheiden, gegen welchen persönlichen Nutzen sie bereit sind, Daten zu geben. Aus Unternehmenssicht sind vor allem die Daten interessant, mit denen zielgerichtet Dienstleistungen entwickelt und angeboten werden können. Solche Daten haben zunehmend einen Preis.

__Das erfordert einen kurzen Sidestep zum d.quarks *Digital Costing.* Denn aus Daten werden Informationen, und aus Informationen werden Erkenntnisse. Was ist aber nun der Wert der Erkenntnis, die auf persönlichen Nutzerdaten beruht? Unternehmen werden zunehmend den Wert der persönlichen Daten, die ihre Kunden ihnen zur Verfügung stellen, bemessen und die Kunden entsprechend entlohnen müssen. Die dadurch entstehenden Kosten sind bei der Preisermittlung neuer digitaler Services zu berücksichtigen.

__*Big Data* heißt überdies, eine massive Explosion des Datenvolumens zu organisieren. Wenn beispielsweise per Sensor die Waschdaten von Kunden gesammelt werden, fällt eine beträchtliche Datenmenge an. Zumal sich auf Basis dieses neuen Service auch das Abrechnungsmodell

ändern wird, da man keine Waschmaschinen mehr ver-
kauft, sondern Waschen als Dienstleistung abrechnet.
Durch die Sensorik werden also mehr Bezahldaten er-
zeugt als vorher beim Waschmaschinenverkauf. Das
führt dazu, dass man als Unternehmen die Produkt-IT,
in dem Fall die der Waschmaschine, verstärkt in die
Firmen-IT integrieren muss, um aus der Analyse von
Daten Wertschöpfung zu generieren. Die Konsequenzen
von datenbasierten Geschäftsmodellen für die Geschäfts-
prozesse und IT können also recht weitreichend sein.
Sicher ist: Die Lösung für die nächsten Schritte liegt in
den Daten.

// KREATIV MIT DATEN

Der ständig wachsende Berg an Daten ist, und das
sollte nicht außer Acht gelassen werden, auch eine
Herausforderung im Hinblick auf ethische und daten-
schutzrechtliche Fragen. Auf jeden Fall geht man
mit *Big Data* wieder ein Stück weg von ressourcen-
verbrauchenden Produkten und hin zu einem kreativen
und intelligenten Daten- und Informationsgeschäft.

WIE FÄNGT MAN AN?

- Anforderungen an Daten auf Basis der geplanten digitalen Geschäftsmodelle erstellen (Data Footprint);

  - Big-Data-Architektur auf Basis der Datenanforderungen erstellen;

  - Big-Data-Organisation, Prozesse und neue Rollen einführen;

- Big-Data-Technologie auswählen und implementieren.

DIGITAL TRUST

d.quark 7

BELIEBTER EINWAND: KLINGT ALLES GROSS-ARTIG, BIG DATA, CLOUD, SENSOREN – ABER IST DAS NICHT HÖCHST RISKANT? UND WAS IST ÜBERHAUPT MIT DEM DATENSCHUTZ? WAS IST MIT STABIL FUNKTIONIERENDEN UND SICHEREN PROZESSEN? DOCH HIER ZÄHLT EINE URALTE WÄHRUNG: VERTRAUEN!

__Nur ein Beispiel: Laut einer Umfrage des IT-Branchen-verbands Bitkom haben zwei von drei Deutschen den Begriff »digitale Zertifikate« noch nie gehört. Und wer davon gehört hat, kann den Begriff nur schwer zuordnen: Nur jeder Achte kann den Begriff »Zertifikat« im Kontext des Internets erklären. Irgendwie verständlich. Einerseits. Andererseits: Zertifikate – das ist heute Grundwissen.

__Die digitale Transformation soll Unternehmen wendiger und flexibler machen. Doch mit der Zunahme des Daten-verkehrs, auch mit dem Outsourcing von Daten steigen die Gefahren und die Risiken digitaler Attacken. Zertifikate können dagegen helfen, sie sind die Basis. Doch die meisten Nutzer wissen nicht mal so recht, was das eigent-lich ist. Dabei basieren praktisch alle modernen Verfahren zur Authentifizierung und Verschlüsselung auf digitalen Zertifikaten. Wie gesagt: nur ein Beispiel. Natürlich geht es um mehr als nur Datenschutz. Es geht um das Aufstellen neuer Spielregeln, das Vereinbaren einer Governance, die Vertrauen im Netz als Werttreiber versteht, eine vertrauens-würdige digitale Marke systematisch aufbaut und dabei auch Compliance-Anforderungen in einer digitalisierten Welt interpretiert und umsetzt.

__Doch es ist dieses Unwissen, es sind diese Unsicherheiten, die nicht selten für eine zögerliche Umsetzung digitaler Infrastrukturen sorgen. Also: Wir brauchen ein d.quark! Denn es geht um die wichtigste Währung des digitalen Wandels, um Vertrauen.

> ## //TRUST ME!
>
> Ohne Vertrauen gibt es keinen Zugang zu Daten, keinen Zugang zur User Experience, kein Teilen von Daten in der Cloud. Und ohne Vertrauen bleiben Smart-Manu-facturing-Prozesse, Stichwort Industrie 4.0, nur eine hübsch bebilderte Vision.

__Das d.quark *Digital Trust* ist die Fähigkeit, Vertrauen aufzubauen, also sogenanntes digitales Vertrauen zu generieren. Und wer macht das? Wer ist dafür zuständig? Wer übernimmt die Verantwortung im Unternehmen? Bei der Suche nach der Antwort wären wir wieder bei einer altbekannten Beobachtung. Denn wie bei Entwicklungs- und Innovationsprozessen sehen wir beim Thema IT-Sicherheit, welchen Stellenwert die IT in Unternehmen heute hat: noch immer keinen sehr hohen. Aber: Wer in der IT-Abteilung immer noch die schrulligen Nerds aus den fensterlosen Büros sieht, geht auch nur mit Gottvertrauen in digitale Prozesse: Wird schon gut gehen, ist ja bisher auch gut gegangen, was soll schon passieren? Das ist sehr, sehr riskant.

__IT-Sicherheitssysteme schützen nicht nur Infrastrukturen, sie sichern E-Commerce über alle Kanäle (Stichwort: Omni-

Channel), und vor allem sind sie Ausweis einer starken Marke. Kein unwesentlicher Aspekt: Wer ethisch und vertrauensvoll mit Daten umgeht, sichere und stabil funktionierende digitale Prozesse implementiert, unterscheidet sich von Mitbewerbern, die Daten ohne Gegenleistung wollen. Und die Gegenleistung heißt: Sicherheit. Datensicherheit. Prozesssicherheit. Vertrauen. *Digital Trust*.

//WAS WOLLEN WIR EIGENTLICH?

Die Aufgaben sind überwältigend. Doch klar ist: Ausgangspunkt einer *Digital Trust*-Strategie sind eine fundierte Digitalstrategie und die Beantwortung der Frage: Was wollen wir eigentlich?

__Wollen wir in Netzwerken denken? Wollen wir die Vernetzung von Akteuren, von Kunden, externen Entwicklern, Wissenschaft vorantreiben? Welche Datenquellen wollen wir dafür nutzen? Wo sehen wir neue Wertschöpfungsketten, neue Geschäftsmodelle, die auf Daten basieren? Und wie schafft ein Unternehmen tatsächliches Vertrauen, wenn ein digitales Ökosystem errichtet werden soll? Gelten dann die Sicherheitsstandards für alle Mitglieder des Ökosystems? Und wie kommen neue Mitglieder auf die Plattform, die nicht über Sicherheitsstandards verfügen? Wer haftet bei »Unsicherheiten«? Und wenn etwas schiefgeht, welche Auswirkungen hat das auf laufende Prozesse? Wie schaffen und kommunizieren wir eine vertrauenswürdige digitale Marke?

__Erster Schritt: Wir definieren *Digital Trust*. Es muss klargestellt werden, wie umfassend die Sicherheitslösungen

sind, ob sie nur für kundenzentrierte Dienstleistungen gelten oder ob es auch darum geht, die Zusammenarbeit mit Partnern und Zulieferern auf ein neues Sicherheitsniveau zu heben. Zweitens muss geklärt werden, wer die Informationssicherheit managt. Es muss einen IT-Sicherheitsbeauftragten geben. Um diese wird kein Unternehmen mehr herumkommen.

__Und als Nächstes werfen wir einen Blick auf die Gefahren: Digitalisierung heißt Öffnung. Sei es das Internet der Dinge, seien es Sensortechnologien, die Daten von Maschinen zum Hersteller senden, oder eben auch Produktionsmaschinen, die beginnen, smart zu arbeiten und selbst zu entscheiden, wann, wie viele und welche Produkte hergestellt werden.

> ## // EIN FEST!
>
> **Alles hochsensibel. Alles hochriskante Schnittstellen. Oder anders ausgedrückt: Im Grunde ein Fest für Hacker – wenn nichts dagegen unternommen wird.**

__Was tun? Ganz einfach. Die Basis für Sicherheit ist Datenanalyse. Mit einer guten Analyse von Daten lassen sich präventiv Gefahren erkennen. Heute lässt sich schon an der Verhaltensweise eines Nutzers erkennen, ob jemand eine Gefahr darstellt. Es gibt Programme, die beim Ausfüllen eines Online-Formulars erkennen, ob der Nutzer in guter oder betrügerischer Absicht unterwegs ist. Daneben gilt es, Roboter zu identifizieren, um Missbrauch zu vermeiden, oder auch Bots, die sich automatisch ein-

loggen. Das Gute: Heute ist bereits eine Reihe ausgezeichneter Sicherheitssysteme auf dem Markt.

__Neben der Umsetzung von Sicherungsmaßnahmen muss noch etwas geschehen: Das Unternehmen muss darüber sprechen. Es muss glaubwürdig kommuniziert werden, was an Maßnahmen und Mechanismen eingesetzt wird, wie diese aktualisiert werden, wie sicher die Daten sind. Das dient unter anderem dem Brand-Building – und es dient dem Vertrauen und erhöht die Bereitschaft von Kunden, ein Unternehmen an ihrer User Experience teilhaben zu lassen. Im intensiven Dialog muss der Kunde erfahren, was mit seinen Daten passiert. MUSS!

// AUTHENTIFIZIEREN UND IDENTIFIZIEREN

Aber nicht nur der Kunde muss sich sicher sein. Auch das Unternehmen muss beim Datensammeln sicher sein, aus welcher Datenquelle die Daten stammen. Ob sie echt oder verfälscht sind, wer hinter der Quelle sitzt, ob derjenige, der Daten zur Verfügung stellt, auch derjenige ist, als der er sich ausgibt. Hier werden perfekt abgestimmte Authentifizierungs- und Identifizierungsmaßnahmen benötigt.

__Im Unternehmen gilt es ebenfalls, mit Daten behutsam umzugehen. Nicht alle dürfen alles sehen. Wer mit Daten arbeitet, muss autorisiert sein. Die Frage, wer wann und warum auf was zugreifen darf, ist eine der zentralen Fragen jeder Sicherheitsstrategie. Daten sind, bei aller Offenheit, bei aller digitalen Transparenz und allen Share-Gedanken,

mit viel Sorgfalt zu behandeln. Mit so viel Sorgfalt eben, wie sie für einen so wertvollen Rohstoff wie Daten angemessen ist.

__Mit der IT-Sicherheit in einem Unternehmen ist es wie mit der Datenanalyse: Es braucht neue Rollen- und Jobprofile. Und die Sicherheit kann nicht später »hinzugedacht« werden. Sie muss von Anfang an miteinfließen. Schon bei der Entwicklung datenbasierter Geschäftsmodelle muss die Sicherheit eine Rolle spielen. Soll beispielsweise eine Waschmaschine mit Sensoren ausgestattet werden, um dem Kunden digitale Serviceleistungen zu ermöglichen, muss klar sein, wie der Service verschlüsselt wird, wie die Daten gesammelt und klassifiziert werden und wie sicher und eindeutig sie lokalisiert werden können. Auch muss die Frage der Identitäten geklärt werden. Denn, so merkwürdig das noch immer klingt, auch Geräte haben heute eine Identität.

// DIE WASCHMASCHINEN-ID

Die Frage ist, ob eine Waschmaschine die gleichen Autorisierungsrechte haben kann oder muss wie ein Mensch. Und wer kontrolliert wen?

__Die Schnittstelle zum Kunden ist sensibel, gleichermaßen sensibel ist auch die Schnittstelle zur Produktion. Hierbei kommt es zum Zusammenspiel mit dem d.quark *Smart Manufacturing*. Bisher waren die meisten Prozesse komplett getrennt: Entwicklung, Fertigung, Supply Chain. Durch die

Integration der »operativen Welt« in die IT steht die Sicherung vor neuen Herausforderungen, nicht nur im Hinblick auf die Steuerung von Maschinen und Maschinenparks, die »Einfallstore« für digitale Bedrohungen sein können.

__Auch der Schutz sogenannter »kritischer Infrastrukturen« wird immer bedeutsamer. Zu kritischen Infrastrukturen zählen Einrichtungen aus dem Energiesektor, also Kraftwerke oder Windparks. Infrastrukturen, die für eine Stabilität der Netzwerke sorgen und deren Ausfall zu erheblichen Störungen der öffentlichen Sicherheit, zu Versorgungsproblemen oder anderen dramatischen Folgen führen würde. Hier muss höchst vertrauensvoll gesichert werden. Auch die sichere und zuverlässige Fernwartung von Industrieanlagen ist eine wichtige Herausforderung für Anbieter.

// GEFAHR FÜR LEIB UND LEBEN

Im Produktionsprozess darf es schlichtweg keine IT-Risiken geben, die nicht aktiv gemanagt werden. Sollte ein Roboterarm in der Autoherstellung gehackt werden und alle Bremsen des produzierten Automodells manipulieren, wäre das eine Gefahr für Leib und Leben der Kunden.

Daher muss eine Balance gefunden werden zwischen einer Öffnung der Systeme und speziellen Hochsicherheitslösungen. Ein abgeschottetes System lässt sich leichter eingrenzen und sichern. Eine Plattform-Lösung erfordert neue Kontrollmechanismen. Wobei viele ethische und haftungstechnische Fragen noch ungeklärt sind: Wenn in einer möglichen

Smart Factory Maschinen eigenmächtig Produkte herstellen, Maschinen sich selbst reparieren und warten, wenn diese selbstlernenden Systeme gravierende Fehler machen – wer haftet dann? Wer ist schuld bei autonomen Systemen? Hier braucht es schnellstmöglich sehr gute Antworten.

// WAS PASSIERT ZUERST?

Am Anfang steht aber immer die Entscheidung für ein neues Geschäftsmodell. Daraus leitet sich dann die Sicherheitsstrategie ab. Also: Welche Geschäftsszenarien sind in der Planung? Welche Prozesse, welche Organisationsformen, welche Jobprofile sind davon betroffen? Und: Welche Sicherheitsanforderungen lassen sich daraus ableiten? Das ist das Fundament des *Digital Trust*.

WIE FÄNGT MAN AN?

- Anforderungen an Sicherheitsprozesse und -technologien hinsichtlich der neu zu etablierenden Geschäftsmodelle ermitteln;

- sicherheitsrelevante Aspekte bereits beim Design von Prozessen und Technologien berücksichtigen (Security by Design);

- als Unternehmen einen *Digital Trust*-Brand aufbauen (basierend auf den eingeführten Sicherheitsmaßnahmen).

PERSONALIZED EMPLOYMENT

d.quark 8

GEHALT, STATUS, KARRIERE? NUN JA. DIE TALENTE WOLLEN HEUTE FLEXIBILITÄT, NEUE ARBEITSMODELLE, ZEIT FÜR DIE FAMILIE, KURZ: ARBEIT WIRD INDIVIDUALISIERT STATT STANDARDISIERT.

__Der Wandel in der Arbeitswelt lässt sich am besten mit der Einschätzung eines bekannten Managers auf den Punkt bringen: Früher haben wir Mitarbeiter gebraucht, die machen, was wir ihnen sagen. Heute brauchen wir Mitarbeiter, die machen, was wir ihnen nicht sagen. Das ist eine Kehrtwende. Weg von einer, nennen wir es ruhig Obrigkeits-Kultur, hin zu eigenverantwortlichem Arbeiten. Auch wenn das noch ein langer Weg ist. Eine Vielzahl von Angestellten ist immer noch der Meinung, dass der Chef Anweisungen gibt und auf alles eine Antwort haben sollte. Das mit dem Auf-alles-eine-Antwort-Haben war ohnehin schon immer schwierig. Aber: Es wird in Zeiten des digitalen Wandels, dem Wirtschaften in einer vernetzten Welt noch um einiges schwieriger.

__Digitalisierung bedeutet die ungehinderte Zusammenarbeit in Netzwerken. Innovationen basieren heute auf Kollaboration und Kooperation – und nicht nur innerhalb einer Abteilung unter Anleitung des Chefs, sondern abteilungsübergreifend, ja unternehmensübergreifend bis hin zur Kooperation und der Co-Creation mit Kunden oder Partnern. Eine allein gültige Wahrheit eines allmächtigen und weisen Chefs kann es kaum mehr geben. Es braucht viele, die Antworten geben sollen. Und zwar viele Menschen und nicht nur Software. Denn sicher ist: Der Mensch steht auch weiterhin im Mittelpunkt der Arbeit.

// MENSCH BLEIBT!

Die Digitalisierung ersetzt den Menschen nicht, sie erweitert vielmehr seine Möglichkeiten.

__Und wie dies sinnvoll und individuell geschieht, dafür haben wir das d.quark *Personalized Employment*. Um den Kern dieses d.quarks zu erfassen, drehen wir den Scheinwerfer und entdecken, was wir bereits kennen: Es zählen die Bedürfnisse. In diesem Fall die Bedürfnisse des Mitarbeiters. Wie die Bedürfnisse des Kunden heute zentraler werden und mehr als je zuvor in die Entwicklung eines Produkts einfließen, so liegt der Fokus heute auch auf den Bedürfnissen der Mitarbeiter. Sie setzen unterschiedliche Prioritäten, sie befinden sich in unterschiedlichen Lebensphasen.

__Der eine ist gerade Vater geworden, die andere muss sich um kranke Eltern kümmern. Nimmt man seine Mitarbeiter ernst und behandelt sie wie erwachsene Menschen, bedeutet das, auf diese Bedürfnisse einzugehen, ja Rücksicht zu nehmen. Das ist heute ein entscheidendes Attraktivitätsmerkmal für Unternehmen. Nicht unbedingt, weil man im Grundsatz eben ein Menschenfreund ist, nein, sondern weil es ein zentraler Punkt ist, um solche Mitarbeiter ins Unternehmen zu bekommen und zu halten, die für die Zukunft des Unternehmens zunehmend erfolgskritisch sind.

// ECKBÜRO? NÖ.

Fachkräfte schauen sehr genau hin, welche Kultur im Unternehmen gepflegt wird. Gehalt, Dienstwagen, Status (Eckbüro!) sind weniger bedeutsam. Wichtiger ist, wie flexibel sich ein Arbeitgeber auf die persönlichen Bedürfnisse und Wünsche der Mitarbeiter einstellt.

__Wie bei der Fertigung und im Vertrieb keine starren Modelle mehr greifen, so müssen heute auch Beschäftigungsverhältnisse in starkem Maße flexibel sein. Und vor allem sollten sie individuell ein. Wer nicht in der Lage ist, individualisierte Jobmodelle anzubieten und zu organisieren, wird damit leben müssen, dass die begehrten Talente zum Konkurrenten wechseln.

__Die Individualisierung umfasst dabei viele Aspekte, zum Beispiel individuelle Vertragskonstrukte, die auch Arbeitszeiten, Elternzeiten oder Sabbaticals enthalten. Das alles wird heute gerne mit dem Begriff Work-Life-Balance umschrieben – und findet viele Anhänger. Viele Unternehmen setzen längst auf Vertrauensarbeitszeit und eine »Aufhebung« des Arbeitsortes, und Stempeluhren gibt es ohnehin immer seltener.

__Das hat – neben vielen Dingen – vor allem einen Rollenwechsel im Unternehmen zur Folge: Die Rolle der Personalabteilung ändert sich. Sie wird weniger ein Verwalter von Personalakten, als das bisher der Fall war.

//THE ENABLER

Die Abteilung Human Resources wird zu einem Enabler von Kompetenzen, zu einem Enabler von Wissensarbeit, letztendlich zu einem Enabler von Innovation.

__Aufgabe einer HR-Abteilung wird es immer mehr, personalisierte statt standardisierte Beschäftigungsverhältnisse im Hinblick auf Gehalt, Arbeitszeit und Mobilität zu ermöglichen. Die Ideen sind da vielfältig.

__Arbeitszeitkonten, auf die Mitarbeiter »einzahlen«, um später freie Tage »abzubuchen« oder sich Freizeit »hinzuzukaufen«, könnten ein Modell sein. Allein die Renovierung des bisherigen »Urlaubsbeantragungsprozesses« würde für mehr Flexibilität sorgen. Setzt aber umgekehrt Vertrauen der Führungskräfte in ihre Teammitglieder voraus, wenn diese selber die Urlaubszeiten untereinander absprechen. Hauptsache, der Laden läuft.

__Weiter gilt es, den Einzelnen besser zu fördern, mehr individuelle Trainings, mehr Events, mehr Entfaltungsmöglichkeiten zu organisieren.

__Auch vor dem Hintergrund, dass sich Karrieremodelle wandeln. Starre Karrieremodelle, in denen sich einer von unten nach oben boxt, entsprechen immer weniger der Zeit. Zumal der Typus Mitarbeiter, der heute benötigt wird, ohnehin ganz andere Modelle verfolgt, also eher Poten-

zialentfaltung wünscht statt ein Eckbüro. Richtig verstanden kann sich die Personalabteilung zu einer Plattform zur Steigerung der Attraktivität eines Unternehmens entwickeln. Oder sagen wir besser: Sie muss das tun.

__Denn in Unternehmen fallen immer mehr Routinejobs weg. Viele Tätigkeiten übernimmt heute eine Software. Immer wichtiger werden kreative Talente, die sogenannten Wissensarbeiter. Heute schon sind mehr als die Hälfte der Jobs in Deutschland dem Bereich »Wissensarbeit« zugeordnet. Treiber der Wissensarbeit ist die Digitalisierung. Sie erweitert die Möglichkeiten. Und es sind gerade die neuen zukunftsorientierten und vor allem flexiblen Prozesse, die neue Produktivität freisetzen. Das heißt auch: Produktivität entsteht durch Mitarbeiter, die über Zeitsouveränität verfügen, die mobil arbeiten können und Zugriff auf Wissen und die Möglichkeit der Kollaboration haben. Das ist natürlich immer ein Wagnis.

// WENIGER STRUKTUR, MEHR INNOVATION

Ist die Zusammenarbeit strukturiert und standardisiert, lässt sich ein Team, auch ein großes Team, leicht steuern und führen. Aber: Je unstrukturierter die Kollaboration, desto höher das Innovationspotenzial. Wir brauchen also Querdenker, die aber auch querarbeiten dürfen. Wir brauchen ein bisschen Chaos, organisiertes Chaos.

__Das setzt eines voraus: einen Kulturwandel hin zu einer Kultur basierend auf Selbstverantwortung und Vertrauen. Deshalb braucht es an dieser Stelle auch die beiden d.quarks

Agile Collaboration und *Participation*. Diese Fähigkeiten müssen vorhanden sein, damit digitale Talente erfolgreich rekrutiert und integriert werden. »Sie werden es schon richtig machen, es sind doch meine Mitarbeiter, ich vertraue ihnen« – diese Haltung ist Ausdruck des Kulturwandels. Und es wird den Mitarbeitern eben auch vertraut, wenn Fehler passieren. Bisher agieren viele Unternehmen noch im Sinne einer Fehlervermeidungskultur, ja fast schon einer Bestrafungskultur. Fehler gelten immer noch als Makel, an denen der »Versager« lange zu knabbern hat.

__Das hat auch zur Folge, dass Ideen mit »Versagenspotenzial« früh aussortiert werden, immer mit dem Hintergedanken: Man könnte ja scheitern. Innovationsfähigkeit bedeutet aber immer auch Ermutigung, in neue Gefilde zu gehen. Und sie bedeutet, Talente diese Wege auch gehen zu lassen. Und vor allem bedeutet Innovationsfähigkeit im Zeitalter des digitalen Wandels, dass Wissen im Unternehmen geteilt wird. Das sind Bausteine, um sich als Unternehmen darzustellen, das den digitalen Wandel verstanden hat und für digitale Talente attraktiv ist. Denn um die ist ein Kampf im Gange. Vor allem bei den Familienunternehmen in den eher ländlichen Regionen. Es scheint häufig so, als gingen alle digitalen Talente nach Berlin und gründeten dort ein Start-up, Sicherheit und Geld seien ihnen nicht so wichtig, wichtig sei das urbane Leben der Hauptstadt, das Arbeiten an etwas Sinnvollem und Bedeutendem. Letztendlich geht es auch um Selbstverwirklichung.

__Für Mittelständler auf der Schwäbischen Alb oder in der Eifel ist das ein großes Problem. Sie wissen: Wir brauchen

Data Scientists, Data Analysts, UX Designer, New Business Manager, Trendscouts und so weiter– doch die, die das können, wollen alle an den Rosenthaler Platz. Was tun? Das d.quark *Personalized Employment* einsetzen. In digitalen Unternehmen wird zunehmend der Einsatz neuer Rollenprofile wichtiger sein. Es werden sich neue Berufsgruppen entwickeln, und andere fallen dagegen weg. Die Arbeitgeber müssen sich daher als digitaler Arbeitgeber einen Ruf aufbauen. Und dafür müssen sie also die Fähigkeit aufbauen, individualisierte Arbeitszusammenhänge zu implementieren, die nicht an eine Örtlichkeit gebunden sind – und sich als netzwerkorientiertes Unternehmen aufstellen. Das fängt oben an und durchzieht das ganze Unternehmen.

// KEIN UMZUG NACH BERLIN!

Oben muss gelten: Als Führungskraft geht es nicht mehr darum, Aufgaben zu verteilen, sondern Visionen zu teilen. Als Führungskraft muss man auch lernen, etwas Macht abzugeben, auch Kompetenzen abzugeben. Dafür muss man Mitarbeiter vernetzen, deren Erfahrungs- und Wissensschatz heben, Fehler zulassen und auf diesem Weg eine Attraktivität erzeugen – die dann auch vom Umzug nach Berlin abhält.

__Und vor allem gilt es, jetzt zu handeln. Denn viele Jobs, die es heute noch gibt, wird es bald nicht mehr geben. Und dann müssen neue, individuelle Wege für neue Jobprofile, eben jene Data-Jobs, eingeschlagen werden. Trainieren wir beispielsweise den IBM-Computer »Watson« auf Steuer-

prüfung, so wird er vermutlich in einigen Jahren Steuer-
prüfungen machen können. Das heißt: Es fallen Jobs weg.
Das heißt aber auch: Jetzt hat man noch einige Jahre Zeit,
neue Jobprofile zu entwickeln. Wissen und Erfahrungen
veralten immer schneller, Rollen und Aufgaben verändern sich stetig. Das d.quark *Digital Employability* baut
die Fähigkeit im Unternehmen auf, dass die Mitarbeiter
ständig gefordert sind, Neues zu lernen, sich in Trainings
für neue Aufgaben fortzubilden und sich auf Rollenwechsel
einzustellen. Denn Digitalisierung bedeutet Veränderung.
Und diese Weitsicht sollte bei allen am Arbeitsplatz gelten.

WIE FÄNGT MAN AN?

- Bedürfnisse zur Individualisierung von Arbeits-
  modellen und -verträgen feststellen;
  - neue digitale Rollen einführen (Talent-Manage-
    ment);
  - Arbeitsmodelle und Arbeitsverträge individuell
    ausgestalten;
- als Unternehmen einen Digital Brand als Arbeitgeber aufbauen (wichtig beim Recruiting
  kritischer digitaler Kompetenzen).

SUPPLY CHAIN INTEGRATION

d.quark 9

**ZU DEN VIELEN NOCH IMMER SILOARTIGEN AB-
LÄUFEN ZÄHLT AUCH DIE SUPPLY CHAIN. DATEN
BLEIBEN, WO SIE SIND. MIT EINER INTELLIGENTEN
LIEFERKETTE LASSEN SICH JEDOCH KOSTEN
SPAREN.**

__Wertschöpfung für den Kunden fängt beim Kunden an
und hört beim Kunden wieder auf. Der Kunde bestellt
etwas, er oder sie gibt einen Auftrag und setzt damit das
letzte Glied der Supply Chain in Gang. Damit Kunden bekommen, was sie wollen, arbeiten im Hintergrund: der
Einkauf, die Lieferung von Rohstoffen, die Produktion, der
Absatz, die Logistik.

> **// HAT FAST ALLES**
>
> **Die Supply Chain ist eine Kette, die bisher eines nicht
> hatte: einen durchgehenden Informationsfluss aller
> Beteiligten.**

__Einzelne Beteiligte tauschen Daten aus. Das heißt auch,
dass das Potenzial vieler Daten nicht ausgeschöpft wird, weil
sie schlichtweg irgendwo auf dem Weg »hängen bleiben«,
nicht weitergereicht werden, nicht zugänglich sind. Schon
gar nicht für den Kunden.

__Mit dem d.quark *Supply Chain Integration*, ergänzt und
unterstützt von den beiden d.quarks *Supply Chain Intelli-
gence* und *Smart Logistics & Transport*, soll diese Logik in
gewisser Weise auf den Kopf gestellt werden. Alle innerhalb
der Supply Chain sollen auf alle Daten zugreifen können. So

können vor allem auch unvorhergesehene Ereignisse besser bewältigt werden. Eine Vernetzung mit Wetterdaten macht beispielsweise die Zulieferung zuverlässiger. Fällt wegen Wintereinbruchs eine Route aus, kann aus den verfügbaren Wetter- und Verkehrsdaten rasch eine alternative Route erstellt werden. Oder ganz simpel: Fällt ein Baum auf die Straße, steht ein Unternehmen vor der Frage: Wie kann ich in Echtzeit liefern, um mein Lieferversprechen einzuhalten? Wer kann mir helfen, darauf zu reagieren? Gibt es eine Kapazitätsplanung, auf die ich Zugriff habe?

// GUTE FRAGEN

Fragen zur Einhaltung des Lieferversprechens stellen sich nicht bei einer zentralen und integrierten Datenbasis, auf die jeder Zugriff hat. Denn die Daten liefern die Antwort. Und ich als der gehandicapte Zulieferer bekomme das, was ich nun dringend brauche: Speed und Dynamik. Die Dynamisierung erhält man aber nur, wenn man die Daten zusammenführt.

__Vorteil für alle: Der Zulieferer braucht die Kette nicht zu durchbrechen, der Kunde, der auf eine Lieferung wartet, kann sich mit einem entsprechenden Zugang selbst einen Überblick verschaffen. Ziel ist es dabei immer, den sequenziellen Informationsfluss aufzuheben, damit alle jederzeit Zugriff auf alle Daten haben und jeder seinem Status entsprechend reagieren kann – und das auf einer vernünftigen und umfassenden Datenbasis.

__Um einen ungehinderten Datenfluss umzusetzen, braucht es eine zentrale datenverwaltende Funktion, die in der Regel beim Hersteller angesiedelt ist. Dort laufen die Daten zusammen, von dort wird auch die Berechtigung erteilt, wer auf was zugreifen darf. Wobei der Schwerpunkt auf »wer« liegt, um einen möglichen Missbrauch zu vermeiden. Man kann sich das vorstellen wie beim Tower am Flughafen, von dem aus der Flugverkehr gesteuert wird und bei dem alle Informationen zusammenlaufen, in Echtzeit.

__Schließlich müssen auch sogenannte »Medienbrüche« aufgehoben werden. Damit es nicht eine telefonische Absprache zwischen dem Kunden und der Logistik gibt, von der wiederum der Vertrieb nichts weiß. Oder der Mitarbeiter XY aus der Produktion schreibt immer nur E-Mails an den Einkauf, auf die kein anderer Zugriff hat. Wie im Übrigen auch nicht auf die Daten des Einkaufs. Das erschwert und behindert einen Prozess, der viel rascher und effektiver sein könnte, wenn es heißt: alles für alle.

//TRANSPARENTE PLANUNG

Auch die Planung wird transparenter. Man kann schon fast von einer kollaborativen Planung sprechen. Mit den verfügbaren Daten können sich alle Akteure in die Produktionsplanung einbringen.

__Der Einkauf lässt sich konkreter planen, der Forecast, die Vorausschau, wird präziser, jeder kann besser und schneller auf die Informationen und deren Konsequenzen eingehen. Es muss nicht umständlich jeder einzeln einbezogen werden, es müssen nicht viele Wege gegangen werden. Außerdem überblickt der Hersteller leichter, ob und in welchem Zeitrahmen ein Zulieferer die entsprechende Ware liefern kann. Übliche, aber unregelmäßige Ereignisse können besser vorausgesehen und es kann besser geplant werden. Sogar auf gänzlich unvorhersehbare Ereignisse wie einen Vulkanausbruch, der den Flugverkehr zum Stillstand bringt, kann flexibler reagiert werden.

__Präzisere Lagerung verheißt Gutes: weniger Lagerhaltung, weniger Kapitalbildung. Und mehr Dynamik. Ein weiterer Vorteil beim umfassenden Datenzugriff: Ein Unternehmen kann sich ein genaues Bild über die Auftragslage machen. Die Daten sind ja da. Und mit den verfügbaren Daten lässt sich besser planen. Es ist ja immer so eine Sache mit den Prognosen. Was genau der Kunde will, lässt sich nicht immer gut einschätzen. Besser geht das mit Daten für alle. Ein Beispiel: Ein Autohersteller macht den Zulieferern entscheidende Daten zugänglich. Also: Welcher Autolack wird gebraucht, welche Farbe, welche Felgen werden verbaut, welche Features fallen zusätzlich an? Wenn diese Daten in Echtzeit abrufbar sind, kann die Zulieferung schneller und präziser ablaufen.

// IN REALTIME

Der Automatisierungsgrad wird erhöht, alle Partner können sofort die Auswirkungen registrieren und Lösungen umsetzen, und das alles in Realtime. Und im besten Fall finden sich neue Geschäftsmodelle.

__Das Zusammenführen aller Teilnehmer in einer zentralen Datenbasis nennen wir *Supply Chain Integration*. Diese datenbasierte Supply Chain ergänzt auch das d.quark *Smart Manufacturing*, das das Produkt als Informationsträger sieht. Es ist in jedem Fall kein statisches Modell, denn hier wird von jedem Teilnehmer Flexibilität gefordert. Daten müssen permanent aktualisiert werden. Ein Unternehmen muss jederzeit auf Kundenwünsche reagieren können.

// PARTNER INTEGRIEREN

Der Aufbau und die Integration einer Supply Chain oder die Integration von Supply-Chain-Partnern muss sich an den Geschäftsideen orientieren, und davon kann es in einem Unternehmen mehrere geben.

__Google verfolgt derzeit die Idee des selbstfahrenden Autos, dafür benötigt das Unternehmen andere Partner als für Geschäftsmodelle im Bereich Medizin oder bei dem zugekauften Thermostathersteller Nest. Ein weiteres Geschäftsmodell kann jederzeit hinzukommen. Das heißt,

der Datenzugang, der Zugang auf die Plattform muss flexibel gestaltet werden können.

__Es ist im Grunde wie beim Mobilitätsversprechen der Deutschen Bahn. Der Kunde hat das Bedürfnis, von A nach B zu gelangen. Wie, das ist ihm egal. Er entscheidet sich für die Bahn als Mobilitätsanbieter. Und sollte der Zug Verspätung haben, ein Baum auf den Schienen liegen, ein Triebwerk kaputt sein oder eine Signalstörung den Ablauf verzögern – dann muss es Alternativen geben. Ein Taxi, ein Uber-Wagen, eventuell ein Flug, ein Flinkster-Mietwagen oder eine andere Bahn. Das Bedürfnis ist: von A nach B. Das Bedürfnis heißt nicht an erster Stelle: Zugfahren. Vergleichbar ist das mit der Supply Chain innerhalb eines Produktionsprozesses.

> ## // B MUSS ZU A
>
> **Hersteller A braucht Bauteil B. Also muss B zu A, und zwar *just in time* und auch im Falle ungeplanter Ereignisse. Der Zulieferer bietet diesen Service. Er kann ihn aber nur bieten, wenn er auf alle Daten Zugriff hat.**

__Eine große Herausforderung ist die Aufnahme neuer Teilnehmer in die Supply Chain, beispielsweise durch die Erweiterung von Services. Da stellt sich die Frage: Wie integriert ein Unternehmen einen neuen Zulieferer oder einen neuen Logistikdienstleister auf der Plattform? Hier gilt es auf jeden Fall, eine Standardisierung zu schaffen,

die Technologie anzupassen und sich entsprechend zu öffnen. Denn dieses »Onboarding« auf eine bestehende Plattform kann recht schnell teuer werden, je weiter die Plattform von Standards abweicht. Deshalb sollte in eine Lösung investiert werden, die Standards entspricht und Standardisierung ermöglicht.

// WETTBEWERBSVORTEIL

Eine Standardisierung der *Supply Chain*-Technologie wird zum Wettbewerbsvorteil, denn die Standardisierung sorgt dafür, dass ein Unternehmen sehr schnell mit unterschiedlichen Partnern interagieren kann.

__Grundsätzlich hat die datenbasierte und transparente Supply Chain zwei Vorteile: Der frühzeitige Einblick in die Daten spart Zeit. Und die rasche Reaktion auf Ereignisse spart Lagerkosten.

WIE FÄNGT MAN AN?

- Anforderungen an die Supply Chain auf Basis geplanter Geschäftsmodelle ermitteln;
- Lösungskonzepte auf Basis der Anforderungen erstellen und in Leuchtturmprojekten umsetzen;
- Anforderungen an Partner-Ökosystem mit den Partnern abstimmen und implementieren.

SMART MANUFACTURING

d.quark 10

DAS PRODUKT DESIGNT SICH SELBST, DAS PRODUKT OPTIMIERT SICH SELBST, DAS PRODUKT STEHT IN VERBINDUNG MIT ANDEREN PRODUKTEN. SO SMART WIRD DIE FERTIGUNG? UND WAS MACHT EIGENTLICH DER MENSCH DABEI?

__Die reale physische Welt verschmilzt immer mit der virtuellen Welt. Das ist – in einem Satz – die Folge der Digitalisierung. Und das umfasst viele Lebens- und Arbeitsbereiche sowie vor allem auch Produktionsprozesse und die Fertigung in Fabriken. Wir erleben bei der Produktion eine Umwälzung, wie sie vielleicht mit der Dampfmaschine oder Henry Fords Fließband zu vergleichen ist und die genauso umfassend sein wird. Oder etwas lyrischer ausgedrückt: Sind wir einmal durch dieses Tor der Veränderung gegangen, führt kein Weg mehr zurück.

__Was sich verändert: Die Werkstücke und Produktionsmaschinen denken mit. Sie organisieren in Eigenregie die Herstellung. Mit Funkmodulen, intelligenten Robotern, Sensoren und Minichips. Um das zu begreifen und sinnvoll einzusetzen, haben wir das d.quark *Smart Manufacturing* entwickelt. Denn diese Produktion der Produkte in Eigenregie beruht auf Daten. Die Vernetzung von Daten bildet dabei die Basis, um individuell und nach Bedarf zu produzieren.

// FRAGE UND ANTWORT

Wir alle stehen vor der Frage: Sind wir eigentlich vorbereitet auf die Ära der intelligenten Produkte, der intelligenten Systeme, die mehr und mehr beginnen, Prozesse selbst aktiv zu steuern, und zu Plattformen für innovative Dienstleistungen werden? Eine ehrliche Antwort ist: Noch nicht so ganz.

__Klar, in einigen Branchen hat die Robotik längst Einzug gehalten, der Roboter arbeitet bereits Seite an Seite mit dem Menschen, beispielsweise bei der Autoherstellung. Doch da steht noch die Mechanik im Vordergrund. Allerdings zeigt sich gerade beim Auto, wie allmählich die Elektronik die Oberhand gewinnt. Lösungen für vernetztes Fahren, Cloud-Plattformen für den Austausch von Verkehrsflussdaten in Echtzeit und für das vorausschauende, durch Online- und Navigationsdaten unterstützte Fahren sind längst Realität. Automobile werden künftig eigenmächtig Software-Updates für ihre Steuergeräte über das Internet beziehen, sich also immer neu und selbstständig updaten. Und das Ziel dieser Entwicklung ist bereits heute sichtbar: das autonome Fahren. Je mehr digitale Komponenten, desto rascher entwickelt sich das Auto zum Rechenzentrum auf Rädern.

// DIE STRATEGIE LAUTET: ENTWICKLUNG!

Das Prinzip, Bestehendes intelligent oder smart zu erweitern, lässt sich auf nahezu alles übertragen.

__*Smart Manufacturing* ist also die Fähigkeit, mit Daten und Informationen quer durch die Unternehmensfunktionen und entlang des Lebenszyklus von Maschinen und Produkten eine neue Form der Fertigung aufzubauen. Es etablieren sich Produktionssysteme, die, statt Vorgeplantes auszuführen, zu aktiven und autonomen, sich selbst organisierenden Produktionseinheiten werden. Volle und nahtlose Integration vom Produktdesign über die Fertigungsplanung und bis hinunter zum Shopfloor ist eine Voraussetzung dafür.

// AD-HOC-ORGANISATIONEN

Die Systeme werden sich von starren Prozessen lösen. Unternehmen werden sich von statischen Wertschöpfungsketten wegbewegen und sich zu virtuellen »Ad-hoc-Organisationen« entwickeln.

__Produkte werden nicht nur die Information »mitbringen«, wie sie produziert werden wollen. Sie werden mitdenken, und das weitgehend ohne menschliches Zutun. Sie erfassen mit Sensoren die Umwelt und finden eigenmächtig die notwendigen Werkzeuge. Der Mensch ist dazu da, die Prozesse zu überwachen und im Fall von Fehlern einzugreifen – wenn die künstliche Intelligenz den Fehler nicht selbst beheben kann, versteht sich.

__Die Fehlerkontrolle selbst ergibt sich wiederum aus Daten. Wenn dem herzustellenden Produkt »auffällt«, wie sich das Bauteil einer Maschine, beispielsweise eine Kurbelwelle, verschleißt, sendet das Produkt diese Verschleißinformation. Mit dieser Information kann die Spezifikation des entsprechenden Bauteils automatisiert angepasst wer-

den. Damit optimiert sich die Produktion quasi selbst. Es gibt zunehmend weniger Ausfälle. Mit 3-D-Druckern lassen sich darüber hinaus Ersatzteile herstellen. Die Herstellung dieser »gedruckten« Ersatzteile kann das Produkt selbst initiieren.

// DIE INFORMATIONSTRÄGER

In gewisser Weise stellt ein Unternehmen damit die Produktionslogistik auf den Kopf. Der Rohling sagt der Maschine, wie er bearbeitet werden soll. Sich selbst steuernde und konfigurierende Maschinen und Lagersysteme organisieren die Auslastungskapazität. Fertigungslinien sind keine starren Systeme mehr, und die Produkte verlassen die Fabrik als »Informationsträger«. Es werden unentwegt Daten gesammelt, auf deren Basis neue Geschäftsmodelle entstehen können.

__*Smart Manufacturing* macht die Produktion wendiger und flexibler. Und wenn die Produkte smart werden, sinkt die Zahl von Fehlzeiten und Fehlern.

__Und es wird nicht weniger dramatisch: Produkte »kümmern« sich nicht nur eigenständig um ihre Herstellung, sie werden in absehbarer Zeit auch nicht mehr vom Menschen entworfen, Stichwort: künstliche Intelligenz. Das heißt: Das Produktdesign kann von Maschinen übernommen werden. Das wäre eine völlig neue Qualität der Automatisierung – dass eine Maschine auf Basis von Daten neue Werkstücke entwirft und damit unter Umständen auch neue Geschäfts-

ideen entwickelt. Zumal die Maschine wesentlich effizienter und mit weniger Materialeinsatz ans Werk geht als ein Ingenieur oder eine Ingenieurin. Bei einem Designprozess geht es um deutlich höhere Automationsgrade.

> ## // OHNE GEHT ES NICHT MEHR!
> **Wichtig: Eine Fabrik in der digitalen Welt benötigt – früher oder später – den Einsatz von Sensorik und die Integration von intelligenten Automatisierungs- und Steuerungskomponenten.**

__Grundlage ist auch hier die Zusammenführung von Datenmaterial aus der Programmierung und Steuerung von Maschinen, um darauf aufbauend ein einfacheres, flexibleres System zu entwickeln. Das Positive: Durch die Automatisierung und die stärkere Flexibilisierung sinken die Produktionskosten. Und intelligente Produkte, die als Informationsträger unterwegs sind, umgehen viele Medienbrüche. Das wiederum senkt die Kosten der *Supply Chain Integration* (siehe d.quark 9).

__*Smart Manufacturing* mag unheimlich klingen. Es klingt wie das Buch, das ohne Autor geschrieben wird, wie ein sich selbst aufbauender Schrank. Es klingt wie ein massiver Kulturwandel. Gerade in Deutschland, dem Land der Ingenieure mit seiner großen Industrialisierungskultur. Die Einführung smarter Fertigungslinien sollte dennoch genau abgewogen werden. Die smarte Produktion muss sich rechnen, muss immer im Kontext mit Geschäftsideen stehen. Und es gilt auch: Erst die Idee, erst der strategische

Blick, bevor in einen vollautomatisierten Produktionsprozess investiert wird. Schritt für Schritt sollten einzelne Investitionsstufen betreten werden.

> ## // LOGISCH: WIR BRAUCHEN EINEN KULTUR-WANDEL!
>
> Ohne einen allmählichen Kulturwandel ist *Smart Manufacturing* schwer umzusetzen. Zumal es viele noch große Überwindung kostet, einer Maschine komplett zu vertrauen. Die Diskussion um das autonome Fahren kreist ja nicht zuletzt um diese Skepsis.

__Es nicht zu tun wird sich langfristig als Fehler erweisen. Vermutlich braucht es viele kleine Automationsschritte. Auch geht es um hohe Investitionskosten, die sich nur bei entsprechenden Geschäftsideen rechnen. Der Weg ist eine sukzessive Umsetzung über Optimierungsstufen. Zumal dann auch drängende Fragen geklärt werden: Wie sieht es mit Patenten aus, wenn die Maschine das Stück designt? Und letztendlich geht es dann auch um Haftungsfragen, die neu definiert werden müssen. Wie dem auch sei: Wer es macht, muss eine Digitalstrategie haben – dann kann mit der datenbasierten Herstellung Material und Energie gespart und die Innovationsgeschwindigkeit erhöht werden.

WIE FÄNGT MAN AN?

- Anforderungen an smarte Fertigung auf Basis geplanter digitaler Geschäftsmodelle ableiten;
  - Maßnahmen ableiten (zum Beispiel Design von smarten Fabriken);
  - Umsetzung sollte iterativ über Leuchtturmprojekte erfolgen;
- Erfahrung aus Leuchtturmprojekten für den Roll-out nutzen.